1.5.3 制作娃娃城标志　　1.6.4 制作秋后风景　　1.7.2 使用魔棒工具更换背景

第 1 章 课堂练习
制作人物艺术照　　第 1 章 课后习题 制作清新海报　　2.1.4 彩虹效果

2.1.7 制作时尚插画　　2.2.4 用修补工具复制人像　　2.2.6 修复红眼

2.2.10 美白牙齿　　2.3.6 制作书籍立体效果图

第 2 章 课堂练习 制作空中楼阁　　　第 2 章 课后习题 修复照片　　　3.2.2 制作涂鸦效果

3.3.6 制作
绿色环保宣传画　　　3.4.7 制作炫彩效果　　　第 3 章 课堂练习 拼排 Lomo 风格照片

第 3 章 课后习题 制作可爱相框　　　4.1.5 制作摄影宣传卡片　　　4.1.9 制作回忆照片

第 4 章 课堂练习 制作艺术照片效果　　　第 4 章 课后习题 制作美丽夜景　　　5.2.3 制作折扣牌

5.4.3 制作墙壁画

5.5.2 制作秋天特效

5.6.4 制作相框

5.7.3 制作局部色彩效果

第 5 章 课堂练习 制作薄荷糖文字效果

第 5 章 课后习题 制作下雪效果

6.1.5 使用通道更换照片背景

6.2.3 使用快速蒙版更换背景

6.4.3 制作怀旧照片

6.4.7 制作像素化效果

6.4.10 制作水彩画效果

第 6 章 课堂练习 制作风景油画

第 6 章 课后习题 制作美丽夕阳插画　　　7.2 绘制茶艺人物插画　　　7.3 绘制咖啡生活插画

第 7 章 课堂练习 1
绘制时尚人物插画

第 7 章 课堂练习 2
绘制野外插画

第 7 章 课后习题 1
绘制兔子插画

第 7 章 课后习题 2
绘制夏日风情插画

8.2 幸福童年照片模板

8.3 阳光女孩照片模板

第 8 章 课堂练习 1 人物个性照片模板　　第 8 章 课堂练习 2 个人写真照片模板　　第 8 章 课后习题 1 多彩童年照片模板

第 8 章 课后习题 2 婚纱照片模板　　　　9.2 制作春节贺卡　　　　9.3 制作婚庆请柬

第 9 章 课堂练习 1 制作美容体验卡　　　　第 9 章 课堂练习 2 制作中秋贺卡

第 9 章 课后习题 1 制作蛋糕代金卡

第 9 章 课后习题 2 制作养生会所会员卡　　　　10.2 制作平板电脑宣传单　　　　10.3 制作奶茶宣传单

第 10 章 课堂练习 1 制作促销宣传单　第 10 章 课堂练习 2 制作街舞大赛宣传单　第 10 章 课后习题 1 制作饮水机宣传单

第 10 章 课后习题 2 制作家居宣传单　　　11.2 制作商场促销海报　　　　　11.3 制作摄影展海报

第 11 章 课堂练习 1　　　第 11 章 课堂练习 2　　　第 11 章 课后习题 1　　　第 11 章 课后习题 2

制作结婚钻戒海报　　　制作家具广告海报　　　制作电影海报　　　制作音乐节海报

12.2 制作豆浆机广告　　　　12.3 制作雪糕广告　　　第 12 章 课堂练习 1 制作婴儿产品广告

第 12 章 课堂练习 2
制作液晶电视广告

第 12 章 课后习题 1
制作手机广告

第 12 章 课后习题 2
制作汽车广告

13.2 制作青少年读物书籍封面

13.3 制作咖啡书籍封面

第 13 章 课堂练习 1
制作儿童教育书籍封面

第 13 章 课堂练习 2
制作摄影书籍封面

第 13 章 课后习题 1
制作励志书籍封面

第 13 章 课后习题 2
制作旅游杂志封面

14.2 制作 CD 唱片包装

14.3 制作茶叶包装　　　　　第 14 章 课堂练习 1 制作软土豆片包装　　　　　第 14 章 课堂练习 2
制作龙茗酒包装

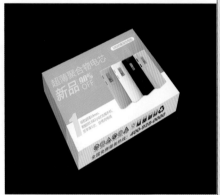

第 14 章 课后习题 1 制作五谷杂粮包装　　　　　第 14 章 课后习题 2 制作充电宝包装

15.2 制作宠物医院网页　　　　　15.3 制作流行音乐网页　　　　　第 15 章 课堂练习 1
制作婚纱摄影网页

第 15 章 课堂练习 2
制作咖啡网页　　　　　第 15 章 课后习题 1
制作旅游网页　　　　　第 15 章 课后习题 2
制作汽车网页

工业和信息化人才培养规划教材

高职高专计算机系列

◎ 朱宏 王周娟 主编

◎ 王晋 徐尧 宋园 副主编

# Photoshop CC
# 平面设计应用教程（第3版）

人民邮电出版社

北 京

图书在版编目（CIP）数据

Photoshop CC平面设计应用教程 / 朱宏，王周娟主编. -- 3版. -- 北京：人民邮电出版社，2015.10（2021.6重印）
工业和信息化人才培养规划教材. 高职高专计算机系列
ISBN 978-7-115-39853-6

Ⅰ. ①P… Ⅱ. ①朱… ②王… Ⅲ. ①平面设计－图象处理软件－高等职业教育－教材 Ⅳ. ①TPI91.41

中国版本图书馆CIP数据核字(2015)第151119号

## 内 容 提 要

Photoshop 是目前功能强大的图形图像处理软件之一。本书对 Photoshop CC 的基本操作方法、图形图像处理技巧及该软件在各个领域中的应用进行了全面的讲解。本书共分为上、下两篇。上篇基础技能篇介绍了图像处理基础与选区应用、绘制与编辑图像、路径与图形、调整图像的色彩与色调、应用文字与图层、使用通道与滤镜。下篇案例实训篇介绍了 Photoshop 在各个领域中的应用，包括插画设计、照片模板设计、卡片设计、宣传单设计、广告设计、书籍装帧设计、包装设计和网页设计。

本书适合作为高等职业院校平面设计类课程的教材，也可供相关人员自学参考。

♦ 主　　编　朱　宏　王周娟
　副主编　王　晋　徐　尧　宋　园
　责任编辑　桑　珊
　责任印制　杨林杰

♦ 人民邮电出版社出版发行　　北京市丰台区成寿寺路 11 号
　邮编 100164　电子邮件 315@ptpress.com.cn
　网址 http://www.ptpress.com.cn
　固安县铭成印刷有限公司印刷

♦ 开本：787×1092　1/16　　彩插：4
　印张：18.5　　　　　　　　2015 年 10 月第 3 版
　字数：483 千字　　　　　　2021 年 6 月河北第 11 次印刷

定价：49.80 元

读者服务热线：(010)81055256　印装质量热线：(010)81055316
反盗版热线：(010)81055315
广告经营许可证：京东市监广登字20170147号

# 第3版前言 FOREWORD

　　Photoshop 是由 Adobe 公司开发的图形图像处理和编辑软件。它功能强大、易学易用，深受图形图像处理爱好者和平面设计人员的喜爱，已经成为这一领域最流行的软件之一。目前，在我国很多高职院校的数字媒体艺术类专业中，"Photoshop 平面设计"都是一门重要的专业课程。为了帮助高职院校的教师全面、系统地讲授这门课程，使学生能够熟练地使用 Photoshop 进行设计创意，我们几位长期在高职院校从事 Photoshop 教学的教师和专业平面设计公司经验丰富的设计师，共同编写了本书。

　　本书具有完善的知识结构体系。在基础技能篇中，按照"软件功能解析 — 课堂案例 — 课堂练习 — 课后习题"这一思路编排内容。通过软件功能解析，学生能快速熟悉软件功能和平面设计特色；通过课堂案例演练，学生能深入学习软件功能和艺术设计思路；通过课堂练习和课后习题，学生能拓展实际应用能力。在案例实训篇中，根据 Photoshop 的各个应用领域，精心安排了专业设计公司的 54 个精彩实例。通过对这些案例进行全面的分析和详细的讲解，可以使学生更加贴近实际工作，艺术创意思维更加开阔，实际设计制作水平不断提升。在内容编写方面，我们力求细致全面、重点突出；在文字叙述方面，我们注意言简意赅、通俗易懂；在案例选取方面，我们强调案例的针对性和实用性。

　　本书所有案例的素材及效果文件，读者可登录百度云网盘下载。下载链接如下：http://pan.baidu.com/s/1i3fGEdn。另外，为方便教师教学，本书配备了详尽的课堂练习和课后习题的操作步骤视频以及 PPT 课件、教学大纲等丰富的教学资源，任课教师可到人民邮电出版社教学服务与资源网（www.ptpedu.com.cn）免费下载使用。本书的参考学时为 54 学时，其中，实践环节为 26 学时，各章的参考学时参见下面的学时分配表。

| 章　节 | 课程内容 | 学时分配 | |
|---|---|---|---|
| | | 讲　授 | 实　训 |
| 第1章 | 图像处理基础与选区应用 | 3 | 1 |
| 第2章 | 绘制与编辑图像 | 4 | 1 |
| 第3章 | 路径与图形 | 2 | 1 |
| 第4章 | 调整图像的色彩与色调 | 1 | 1 |
| 第5章 | 应用文字与图层 | 2 | 1 |
| 第6章 | 使用通道与滤镜 | 2 | 1 |
| 第7章 | 插画设计 | 1 | 2 |
| 第8章 | 照片模板设计 | 2 | 2 |
| 第9章 | 卡片设计 | 1 | 2 |
| 第10章 | 宣传单设计 | 2 | 2 |
| 第11章 | 海报设计 | 2 | 2 |
| 第12章 | 广告设计 | 1 | 2 |
| 第13章 | 书籍装帧设计 | 2 | 3 |
| 第14章 | 包装设计 | 2 | 3 |
| 第15章 | 网页设计 | 1 | 2 |
| 课时总计 | | 28 | 26 |

　　本书由北京信息职业技术学院朱宏、北海职业学院王周娟任主编，包头轻工职业技术学院王晋、德州职业技术学院徐尧、马鞍山职业技术学院宋园任副主编，参与编写的还有河南职业技术学院韩敏、开封文化艺术职业学院王戈。其中，朱宏编写了第1章~第3章，王周娟编写了第4章~第6章，王晋编写了第7章和第8章，徐尧编写了第9章和第10章，宋园编写了第11章和第12章，韩敏编写了第13章和第14章，王戈编写了第15章，朱宏负责统稿以及全书配套资源的制作。

　　由于编者水平有限，书中难免存在错误和不妥之处，敬请广大读者批评指正。

编　者

2015 年 5 月

# Photoshop

## 教学辅助资源及配套教辅

| 素材类型 | 名称或数量 | 素材类型 | 名称或数量 |
|---|---|---|---|
| 教学大纲 | 1 套 | 课堂实例 | 42 个 |
| 电子教案 | 15 单元 | 课后实例 | 48 个 |
| PPT 课件 | 15 个 | 课后答案 | 48 个 |
| 第 1 章<br>图像处理基础<br>与选区应用 | 制作娃娃城标志 | 第 5 章<br>应用文字<br>与图层 | 制作折扣牌 |
| | 制作秋后风景 | | 制作墙壁画 |
| | 使用魔棒工具更换背景 | | 制作秋天特效 |
| | 制作人物艺术照 | | 制作相框 |
| | 制作清新海报 | | 制作局部色彩效果 |
| 第 2 章<br>绘制与编辑<br>图像 | 彩虹效果 | 第 6 章<br>使用通道与滤镜 | 制作薄荷糖文字效果 |
| | 制作时尚插画 | | 制作下雪效果 |
| | 用修补工具复制人像 | | 使用通道更换照片背景 |
| | 修复红眼 | | 使用快速蒙版更换背景 |
| | 美白牙齿 | | 制作怀旧照片 |
| | 制作书籍立体效果图 | | 制作像素化效果 |
| | 制作空中楼阁 | | 制作水彩画效果 |
| | 修复照片 | | 制作风景油画 |
| 第 3 章<br>路径与图形 | 制作涂鸦效果 | 第 7 章<br>插画设计 | 制作美丽夕阳插画 |
| | 制作绿色环保宣传画 | | 绘制茶艺人物插画 |
| | 制作炫彩效果 | | 绘制咖啡生活插画 |
| | 拼排 Lomo 风格照片 | | 绘制时尚人物插画 |
| | 制作可爱相框 | | 绘制野外插画 |
| 第 4 章<br>调整图像的<br>色彩与色调 | 制作摄影宣传卡片 | | 绘制兔子插画 |
| | 制作回忆照片 | | 绘制夏日风情插画 |
| | 制作艺术照片效果 | 第 8 章<br>照片模板设计 | 幸福童年照片模板 |
| | 制作美丽夜景 | | 阳光女孩照片模板 |

| 素材类型 | 名称或数量 | 素材类型 | 名称或数量 |
|---|---|---|---|
| 第 8 章<br>照片模板设计 | 人物个性照片模板 | 第 12 章<br>广告设计 | 制作婴儿产品广告 |
| | 个人写真照片模板 | | 制作液晶电视广告 |
| | 多彩童年照片模板 | | 制作手机广告 |
| | 婚纱照片模板 | | 制作汽车广告 |
| 第 9 章<br>卡片设计 | 制作春节贺卡 | 第 13 章<br>书籍装帧设计 | 制作青年读物书籍封面 |
| | 制作婚庆请柬 | | 制作咖啡书籍封面 |
| | 制作美容体验卡 | | 制作儿童教育书籍封面 |
| | 制作中秋贺卡 | | 制作摄影书籍封面 |
| | 制作蛋糕代金卡 | | 制作励志书籍封面 |
| | 制作养生会所会员卡 | | 制作旅游杂志封面 |
| 第 10 章<br>宣传单设计 | 制作平板电脑宣传单 | 第 14 章<br>包装设计 | 制作 CD 唱片包装 |
| | 制作奶茶宣传单 | | 制作茶叶包装 |
| | 制作促销宣传单 | | 制作软土豆片包装 |
| | 制作街舞大赛宣传单 | | 制作龙茗酒包装 |
| | 制作饮水机宣传单 | | 制作五谷杂粮包装 |
| | 制作家居宣传单 | | 制作充电宝包装 |
| 第 11 章<br>海报设计 | 制作商场促销海报 | 第 15 章<br>网页设计 | 制作宠物医院网页 |
| | 制作摄影展海报 | | 制作流行音乐网页 |
| | 制作结婚钻戒海报 | | 制作婚纱摄影网页 |
| | 制作家具广告海报 | | 制作咖啡网页 |
| | 制作电影海报 | | 制作旅游网页 |
| | 制作音乐节海报 | | 制作汽车网页 |
| 第 12 章<br>广告设计 | 制作豆浆机广告 | | |
| | 制作雪糕广告 | | |

# CONTENTS

## 目 录

# 上篇　基础技能篇

## 第1章　图像处理基础与选区应用　1

1.1 **位图和矢量图**　1
  1.1.1　位图与矢量图　1
  1.1.2　像素　2
  1.1.3　图像尺寸与分辨率　3
  1.1.4　常用文件格式　4
  1.1.5　图像的色彩模式　5

1.2 **工作界面**　6

1.3 **文件操作**　7
  1.3.1　新建和存储文件　7
  1.3.2　打开和关闭文件　8

1.4 **基础辅助功能**　9
  1.4.1　颜色设置　9
  1.4.2　图像显示效果　11
  1.4.3　标尺与参考线　12

1.5 **选框工具**　14
  1.5.1　矩形选框工具　14
  1.5.2　椭圆选框工具　15

  1.5.3　课堂案例——制作娃娃城标志　16

1.6 **使用套索工具**　20
  1.6.1　套索工具　20
  1.6.2　多边形套索工具　20
  1.6.4　课堂案例——制作秋后风景　22

1.7 **魔棒工具**　24
  1.7.1　使用魔棒工具　25
  1.7.2　课堂案例——使用魔棒工具
      更换背景　25

1.8 **选区的调整**　27
  1.8.1　增加或减小选区　27
  1.8.2　羽化选区　28
  1.8.3　反选选区　29
  1.8.4　取消选区　29
  1.8.5　移动选区　29

**课堂练习——制作人物艺术照**　30
**课后习题——制作清新海报**　30

## 第2章　绘制与编辑图像　31

2.1 **绘制图像**　31
  2.1.1　画笔的使用　31
  2.1.2　铅笔的使用　34
  2.1.3　渐变工具　34
  2.1.4　课堂案例——彩虹效果　36
  2.1.5　自定义图案　38
  2.1.6　描边命令　39
  2.1.7　课堂案例——制作时尚插画　40

2.2 **修饰图像**　42
  2.2.1　仿制图章工具　42
  2.2.2　修复画笔工具和
      污点修复画笔　42
  2.2.3　修补工具　44
  2.2.4　课堂案例——用修补工具
      复制人像　45
  2.2.5　红眼工具　45

# CONTENTS

# 目 录

2.2.6 课堂案例——修复红眼 46
2.2.7 模糊和锐化工具 47
2.2.8 减淡和加深工具 48
2.2.9 橡皮擦工具 49
2.2.10 课堂案例——美白牙齿 49
2.3 **编辑图像** 51
2.3.1 图像和画布尺寸的调整 51
2.3.2 图像的复制和删除 52

2.3.3 移动工具 54
2.3.4 裁剪工具和透视裁剪工具 55
2.3.5 选区中图像的变换 57
2.3.6 课堂案例——制作书籍
立体效果图 58
**课堂练习——制作空中楼阁** 63
**课后习题——修复照片** 63

## 第3章 路径与图形 64

3.1 **路径概述** 64
3.2 **钢笔工具** 64
3.2.1 钢笔工具的选项 65
3.2.2 课堂案例——制作涂鸦效果 65
3.2.3 绘制直线段 67
3.2.4 绘制曲线 68
3.3 **编辑路径** 68
3.3.1 添加和删除锚点工具 68
3.3.2 转换点工具 69
3.3.3 路径选择和直接选择工具 70
3.3.4 填充路径 70
3.3.5 描边路径 71

3.3.6 课堂案例——制作绿色环保
宣传画 72
3.4 **绘图工具** 74
3.4.1 矩形工具 74
3.4.2 圆角矩形工具 75
3.4.3 椭圆工具 76
3.4.4 多边形工具 76
3.4.5 直线工具 76
3.4.6 自定形状工具 77
3.4.7 课堂案例——制作炫彩效果 78
**课堂练习——拼排 Lomo 风格照片** 83
**课后习题——制作可爱相框** 83

## 第4章 调整图像的色彩与色调 84

4.1 **调整图像颜色** 84
4.1.1 亮度/对比度 84
4.1.2 变化 84
4.1.3 色阶 85
4.1.4 曲线 86
4.1.5 课堂案例——制作摄影
宣传卡片 88
4.1.6 曝光度 91
4.1.7 色相/饱和度 92

4.1.8 色彩平衡 92
4.1.9 课堂案例——制作回忆照片 93
4.2 **对图像进行特殊颜色处理** 96
4.2.1 去色 97
4.2.2 反相 97
4.2.3 阈值 97
**课堂练习——制作艺术照片效果** 98
**课后习题——制作美丽夜景** 98

## 第5章 应用文字与图层 99

5.1 **文本的输入与编辑** 99

5.1.1 输入水平、垂直文字 99

# CONTENTS

目 录

5.1.2　输入段落文字　　　100

5.1.3　栅格化文字　　　100

5.1.4　载入文字的选区　　　100

5.2　创建变形文字与路径文字　　　100

5.2.1　变形文字　　　101

5.2.2　路径文字　　　102

5.2.3　课堂案例——制作折扣牌　　　103

5.3　图层基础知识　　　107

5.3.1　"图层"控制面板　　　107

5.3.2　新建与复制图层　　　108

5.3.3　合并与删除图层　　　108

5.3.4　显示与隐藏图层　　　109

5.3.5　图层的不透明度　　　109

5.3.6　图层组　　　109

5.4　新建填充和调整图层　　　110

5.4.1　使用填充图层　　　110

5.4.2　使用调整图层　　　111

5.4.3　课堂案例——制作墙壁画　　　111

5.5　图层的混合模式　　　113

5.5.1　使用混合模式　　　113

5.5.2　课堂案例——制作秋天特效　114

5.6　图层样式　　　116

5.6.1　图层样式　　　116

5.6.2　拷贝和粘贴图层样式　　　117

5.6.3　清除图层样式　　　117

5.6.4　课堂案例——制作相框　　　117

5.7　图层蒙版　　　118

5.7.1　添加图层蒙版　　　119

5.7.2　编辑图层蒙版　　　119

5.7.3　课堂案例——制作局部
色彩效果　　　120

5.8　剪贴蒙版　　　121

课堂练习——制作薄荷糖文字效果　　　122

课后习题——制作下雪效果　　　122

## 第 6 章　使用通道与滤镜　123

6.1　通道的操作　　　123

6.1.1　通道控制面板　　　123

6.1.2　创建新通道　　　124

6.1.3　复制通道　　　124

6.1.4　删除通道　　　124

6.1.5　课堂案例——使用通道
更换照片背景　　　125

6.2　通道蒙版　　　127

6.2.1　快速蒙版的制作　　　128

6.2.2　在 Alpha 通道中存储蒙版　　　129

6.2.3　课堂案例——使用快速蒙版
更换背景　　　129

6.3　滤镜库的功能　　　131

6.4　滤镜的应用　　　132

6.4.1　杂色滤镜　　　132

6.4.2　渲染滤镜　　　133

6.4.3　课堂案例——制作
怀旧照片　　　133

6.4.4　像素化滤镜　　　136

6.4.5　锐化滤镜　　　136

6.4.6　扭曲滤镜　　　137

6.4.7　课堂案例——制作
像素化效果　　　138

6.4.8　模糊滤镜　　　140

6.4.9　风格化滤镜　　　141

6.4.10　课堂案例——制作
水彩画效果　　　141

6.5　滤镜使用技巧　　　143

6.5.1　重复使用滤镜　　　143

6.5.2　对图像局部使用滤镜　　　144

课堂练习——制作风景油画　　　145

课后习题——制作美丽夕阳插画　　　145

# CONTENTS
## 目录

# 下篇 案例实训篇

## 第 7 章 插画设计 146

| 7.1 | 插画设计概述 | 146 | 7.3 | 绘制咖啡生活插画 | 152 |
|---|---|---|---|---|---|
| | 7.1.1 插画的应用领域 | 146 | | 7.3.1 案例分析 | 152 |
| | 7.1.2 插画的分类 | 146 | | 7.3.2 案例设计 | 152 |
| | 7.1.3 插画的风格特点 | 146 | | 7.3.3 案例制作 | 152 |
| 7.2 | 绘制茶艺人物插画 | 147 | | 课堂练习 1——绘制时尚人物插画 | 161 |
| | 7.2.1 案例分析 | 147 | | 课堂练习 2——绘制野外插画 | 161 |
| | 7.2.2 案例设计 | 147 | | 课后习题 1——绘制兔子插画 | 162 |
| | 7.2.3 案例制作 | 148 | | 课后习题 2——绘制夏日风情插画 | 162 |

## 第 8 章 照片模板设计 163

| 8.1 | 照片模板设计概述 | 163 | | 8.3.2 案例设计 | 173 |
|---|---|---|---|---|---|
| 8.2 | 幸福童年照片模板 | 164 | | 8.3.3 案例制作 | 173 |
| | 8.2.1 案例分析 | 164 | | 课堂练习 1——人物个性照片模板 | 179 |
| | 8.2.2 案例设计 | 164 | | 课堂练习 2——个人写真照片模板 | 179 |
| | 8.2.3 案例制作 | 164 | | 课后习题 1——多彩童年照片模板 | 180 |
| 8.3 | 阳光女孩照片模板 | 172 | | 课后习题 2——婚纱照片模板 | 180 |
| | 8.3.1 案例分析 | 172 | | | |

## 第 9 章 卡片设计 181

| 9.1 | 卡片设计概述 | 181 | | 9.3.2 案例设计 | 187 |
|---|---|---|---|---|---|
| 9.2 | 制作春节贺卡 | 181 | | 9.3.3 案例制作 | 187 |
| | 9.2.1 案例分析 | 181 | | 课堂练习 1——制作美容体验卡 | 190 |
| | 9.2.2 案例设计 | 182 | | 课堂练习 2——制作中秋贺卡 | 191 |
| | 9.2.3 案例制作 | 182 | | 课后习题 1——制作蛋糕代金卡 | 191 |
| 9.3 | 制作婚庆请柬 | 187 | | 课后习题 2——制作养生会所会员卡 | 192 |
| | 9.3.1 案例分析 | 187 | | | |

CONTENTS

目 录

**第 10 章　宣传单设计　193**

| | | |
|---|---|---|
| 10.1 宣传单设计概述 | 193 | 10.3.2 案例设计 | 198 |
| 10.2 制作平板电脑宣传单 | 193 | 10.3.3 案例制作 | 198 |
| 10.2.1 案例分析 | 193 | 课堂练习1——制作促销宣传单 | 201 |
| 10.2.2 案例设计 | 194 | 课堂练习2——制作街舞大赛宣传单 | 201 |
| 10.2.3 案例制作 | 194 | 课后习题1——制作饮水机宣传单 | 202 |
| 10.3 制作奶茶宣传单 | 197 | 课后习题2——制作家居宣传单 | 202 |
| 10.3.1 案例分析 | 197 | | |

**第 11 章　海报设计　203**

| | | |
|---|---|---|
| 11.1 海报设计概述 | 203 | 11.3 制作摄影展海报 | 210 |
| 11.1.1 海报的种类 | 203 | 11.3.1 案例分析 | 210 |
| 11.1.2 海报的特点 | 203 | 11.3.2 案例设计 | 211 |
| 11.1.3 海报的表现方式 | 204 | 11.3.3 案例制作 | 211 |
| 11.2 制作商场促销海报 | 204 | 课堂练习1——制作结婚钻戒海报 | 215 |
| 11.2.1 案例分析 | 204 | 课堂练习2——制作家具广告海报 | 215 |
| 11.2.2 案例设计 | 205 | 课后习题1——制作电影海报 | 216 |
| 11.2.3 案例制作 | 205 | 课后习题2——制作音乐节海报 | 216 |

**第 12 章　广告设计　217**

| | | |
|---|---|---|
| 12.1 广告设计概述 | 217 | 12.3.1 案例分析 | 222 |
| 12.1.1 广告的特点 | 217 | 12.3.2 案例设计 | 222 |
| 12.1.2 广告的分类 | 218 | 12.3.3 案例制作 | 222 |
| 12.2 制作豆浆机广告 | 218 | 课堂练习1——制作婴儿产品广告 | 225 |
| 12.2.1 案例分析 | 218 | 课堂练习2——制作液晶电视广告 | 225 |
| 12.2.2 案例设计 | 218 | 课后习题1——制作手机广告 | 226 |
| 12.2.3 案例制作 | 218 | 课后习题2——制作汽车广告 | 226 |
| 12.3 制作雪糕广告 | 222 | | |

**第 13 章　书籍装帧设计　227**

| | | |
|---|---|---|
| 13.1 书籍装帧设计概述 | 227 | 13.2 制作青年读物书籍封面 | 229 |
| 13.1.1 书籍结构图 | 227 | 13.2.1 案例分析 | 229 |
| 13.1.2 封面 | 227 | 13.2.2 案例设计 | 229 |
| 13.1.3 扉页 | 228 | 13.2.3 案例制作 | 229 |
| 13.1.4 插图 | 228 | 13.3 制作咖啡书籍封面 | 234 |
| 13.1.5 正文 | 228 | 13.3.1 案例分析 | 234 |

# CONTENTS

# 目 录

13.3.2 案例设计 235
13.3.3 案例制作 235
课堂练习1——制作儿童教育书籍封面 245

课堂练习2——制作摄影书籍封面 245
课后习题1——制作励志书籍封面 246
课后习题2——制作旅游杂志封面 246

## 第14章 包装设计 247

14.1 包装设计概述 247
14.1.1 包装的分类 247
14.1.2 包装的设计定位 248
14.2 制作CD唱片包装 248
14.2.1 案例分析 248
14.2.2 案例设计 249
14.2.3 案例制作 249
14.3 制作茶叶包装 259

14.3.1 案例分析 259
14.3.2 案例设计 259
14.3.3 案例制作 259
课堂练习1——制作软土豆片包装 269
课堂练习2——制作龙茗酒包装 269
课后习题1——制作五谷杂粮包装 270
课后习题2——制作充电宝包装 270

## 第15章 网页设计 271

15.1 网页设计概述 247
15.1.1 网页的构成元素 271
15.1.2 网页的分类 271
15.2 制作宠物医院网页 272
15.2.1 案例分析 272
15.2.2 案例设计 272
15.2.3 案例制作 272
15.3 制作流行音乐网页 276

15.3.1 案例分析 276
15.3.2 案例设计 277
15.3.3 案例制作 277
课堂练习1——制作婚纱摄影网页 283
课堂练习2——制作咖啡网页 284
课后习题1——制作旅游网页 284
课后习题2——制作汽车网页 284

# 上篇 基础技能篇

## 第 1 章 图像处理基础与选区应用

本章主要介绍图像处理的基础知识、Photoshop 的工作界面、文件的基本操作方法和选区的应用方法等内容。通过对本章的学习，可以快速掌握 Photoshop 的基础理论和基础知识，有助于更快、更准确地处理图像。

| 课堂学习目标 | |
|---|---|
| | ✔ 了解图像处理的基础知识 |
| | ✔ 了解工作界面的构成 |
| | ✔ 掌握文件操作的方法和技巧 |
| | ✔ 掌握基础辅助功能的应用 |
| | ✔ 运用选框工具选取图像 |
| | ✔ 运用套索工具选取图像 |
| | ✔ 运用魔棒工具选取图像 |
| | ✔ 掌握选区的调整方法和应用技巧 |

## 1.1 位图和矢量图

Photoshop CC 图像处理的基础知识包括：位图与矢量图、图像尺寸与分辨率、文件的常用格式、图像的色彩模式等。掌握这些基础知识，可以了解图像并提高处理图像的速度和准确性。

### 1.1.1 位图与矢量图

图像文件可以分为两大类：位图和矢量。在绘图或处理图像过程中，这两种类型的图像可以相互交叉使用。

#### 1. 位图

位图是由许多不同颜色的小方块组成的，每一个小方块称为一个像素。每一个像素都有一个明确的颜色。由于位图采取了点阵的方式，使每个像素都能够记录图像的色彩信息，因而可以精确地表现色彩丰富的图像。但图像的色彩越丰富，图像的像素就越多，文件也就越大。因此，处理位图图像时，对计算机硬盘和内存的要求也比较高。

位图与分辨率有关，如果以较大的倍数放大显示图像，或以过低的分辨率打印图像，图像就会出现锯齿状的边缘，并且会丢失细节，效果如图 1-1 与图 1-2 所示。

图 1-1

图 1-2

### 2. 矢量图

矢量图是以数学的矢量方式来记录图像内容的。矢量图形中的图形元素称为对象，每个对象都是独立的，具有各自的属性。矢量图是由各种线条及曲线或是文字组合而成。Illustrator、CorelDRAW 等绘图软件创作的都是矢量图。

矢量图与分辨率无关，可以被缩放到任意大小，其清晰度不变，也不会出现锯齿状的边缘。在任何分辨率下显示或打印，都不会损失细节，效果如图 1-3 与图 1-4 所示。矢量图文件所占的空间较少，但这种图形的缺点是不易制作色调丰富的图片，绘制出来的图形无法像位图那样精确地描绘各种绚丽的景象。

图 1-3

图 1-4

### 1.1.2　像素

在 Photoshop 中，像素是图像的基本单位。图像是由许多个小方块组成的，每一个小方块就是一个像素，每一个像素只显示一种颜色。它们都有自己明确的位置和色彩数值，即这些小方块的颜色和位置就决定该图像所呈现的样子。文件包含的像素越多，文件就越大，图像品质就越好，效果如图 1-5、图 1-6 所示。

图 1-5

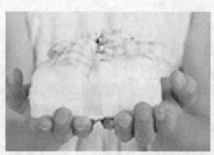

图 1-6

### 1.1.3　图像尺寸与分辨率

#### 1. 图像尺寸

在制作图像的过程中，可以根据制作需求改变图像的尺寸或分辨率。在改变图像尺寸之前要考虑图像的像素是否发生变化，如果图像的像素总量不变，提高分辨率将缩小其打印尺寸，提高打印尺寸将降低其分辨率；如果图像的像素总量发生变化，则可以在加大打印尺寸的同时保持图像的分辨率不变，反之亦然。

在 Photoshop 中选择"图像 > 图像大小"命令，弹出"图像大小"对话框，如图 1-7 所示。取消勾选"重新采样"复选框，此时，"宽度""高度"和"分辨率"选项被关联在一起，如图 1-8 所示。在像素总量不变的情况下，将"宽度"和"高度"选项的值增大，则"分辨率"选项的值就相应地减小，如图 1-9 所示。勾选"重新采样"复选框，将"宽度"和"高度"选项的值减小，"分辨率"选项的值保持不变，像素总量将变小，如图 1-10 所示。

图 1-7

图 1-8

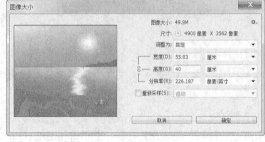
图 1-9

图 1-10

将图像的尺寸变小后，再将图像恢复到原来的尺寸，将不会得到原始图像的细节，因为 Photoshop 无法恢复已损失的图像细节。

#### 2. 分辨率

分辨率是用于描述图像文件信息的术语。在 Photoshop CC 中，图像上每单位长度所能显示的像素数目，称为图像的分辨率，其单位为"像素/英寸"或是"像素/厘米"。

高分辨率的图像比相同尺寸的低分辨率图像包含的像素多。图像中的像素点越小越密，越能表现出图像色调的细节变化，如图 1-11 与图 1-12 所示。

高分辨率图像

放大后显示效果

低分辨率图像

放大后显示效果

图 1-11                                             图 1-12

### 1.1.4   常用图像文件格式

在用 Photoshop 制作或处理好一幅图像后，就要进行存储。这时，选择一种合适的文件格式就显得十分重要。Photoshop CC 中有 20 多种文件格式可供选择。在这些文件格式中，既有 Photoshop 的专用格式，也有用于应用程序交换的文件格式，还有一些比较特殊的格式。下面，具体介绍几种常见的文件格式。

**1. PSD 格式和 PDD 格式**

PSD 格式和 PDD 格式是 Photoshop 软件自身的专用文件格式，能够保存图像数据的细小部分，如图层、附加的遮膜通道等 Photoshop 对图像进行特殊处理的信息。在没有最终决定图像存储的格式前，最好先以这两种格式存储。另外，Photoshop 打开和存储这两种格式的文件较其他格式更快。但是这两种格式也有缺点，它们所存储的图像文件特别大，占用的磁盘空间较多。

**2. TIF 格式**

TIF（TIFF）是标签图像格式。TIF 格式对于色彩通道图像来说是最有用的格式，具有很强的可移植性，它可以用于 PC、Macintosh 以及 UNIX 工作站三大平台，是这三大平台上应用最广泛的绘图格式。存储时可在如图 1-13 所示的对话框中进行选择。

用 TIF 格式存储时应考虑到文件的大小，因为 TIF 格式的结构要比其他格式更大、更复杂。但 TIF 格式支持 24 个通道，能存储多于 4 个通道的文件格式。TIF 格式还允许使用 Photoshop 中的复杂工具和滤镜特效。TIF 格式非常适合于印刷和输出。

**3. BMP 格式**

BMP（Windows Bitmap）格式可以用于绝大多数 Windows 下的应用程序。BMP 格式存储选择对话框如图 1-14 所示。

BMP 格式使用索引色彩，它的图像具有极其丰富的色彩，并可以使用 16MB 色彩渲染图像。BMP 格式能够存储黑白图、灰度图和 16MB 色彩的 RGB 图像等。此格式一般在多媒体演示、视频输出等情况下使用，但不能在 Macintosh 程序中使用。在存储 BMP 格式的图像文件时，还可以进行无损失压缩，能节省磁盘空间。

**4. GIF 格式**

GIF（Graphics Interchange Format）格式的文件比较小，它形成一种压缩的 8 位图像文件。正因为这样，一般用这种格式的文件来缩短图形的加载时间。如果在网络中传送图像文件，传输 GIF 格式的图像文件要比其他格式的图像文件快得多。

### 5. JPEG 格式

JPEG（Joint Photographic Experts Group）译为联合图片专家组。JPEG 格式既是 Photoshop 支持的一种文件格式，也是一种压缩方案。它是 Macintosh 上常用的一种存储类型。JPEG 格式是压缩格式中的"佼佼者"，与 TIF 格式采用的 LIW 无损失压缩相比，它的压缩比例更大。但它使用的有损失压缩会丢失部分数据。用户可以在存储前选择图像的最后质量，这就能控制数据的损失程度。JPEG 格式存储选择对话框如图 1-15 所示。

在"品质"选项的下拉列表中可以选择从低、中、高到最佳 4 种图像压缩品质。以高质量保存图像比其他质量的保存形式占用更大的磁盘空间。而选择低质量保存图像则会使损失的数据较多，但占用的磁盘空间较少。

图 1-13

图 1-14

图 1-15

## 1.1.5　图像的色彩模式

Photoshop CC 提供了多种色彩模式。这些色彩模式正是作品能够在屏幕和印刷品上成功表现的重要保障。在这些色彩模式中，经常使用到的有 CMYK 模式、RGB 模式、Lab 模式以及 HSB 模式。另外，还有索引模式、灰度模式、位图模式、双色调模式、多通道模式等。这些模式都可以在模式菜单下选取，每种色彩模式都有不同的色域，并且各个模式之间可以转换。下面，将具体介绍几种主要的色彩模式。

### 1. CMYK 模式

CMYK 代表了印刷上用的四种油墨色：C 代表青色，M 代表洋红色，Y 代表黄色，K 代表黑色。CMYK 颜色控制面板如图 1-16 所示。

CMYK 模式在印刷时应用了色彩学中的减法混合原理，即减色色彩模式。它是图片和其他 Photoshop 作品中最常用的一种印刷用色彩模式，因为在印刷中通常都要进行四色分色，出四色胶片，然后再进行印刷。

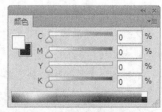

图 1-16

### 2. RGB 模式

与 CMYK 模式不同的是，RGB 模式是一种加色模式，它通过红、绿、蓝三种色光相叠加而形成更多的颜色。RGB 是色光的彩色模式，一幅 24 位的 RGB 图像有 3 个色彩信息的通道：红色（R）、绿色（G）和蓝色（B）。RGB 颜色控制面板如图 1-17 所示。

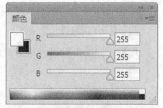

图 1-17

每个通道都有 8 位的色彩信息——一个 0 到 255 的亮度值色域。也就是说，每一种色彩都有 256 个亮度水平级。3 种色彩相叠加，可以有 $256 \times 256 \times 256 = 1670$ 万种可能的颜色。这 1670 万种颜色足以表现出绚丽多彩的世界。

在 Photoshop 中编辑图像时，RGB 色彩模式应是最佳的选择。因为它可以提供全屏幕的多达 24 位的色彩范围，一些计算机领域的色彩专家称之为 "True Color（真彩色）"。

### 3. 灰度模式

灰度模式，又叫 8 位深度图。每个像素用 8 个二进制位表示，能产生 $2^8$ 即 256 级灰色调。当一个彩色文件被转换为灰度模式文件时，所有的颜色信息都将从文件中丢失。尽管 Photoshop 允许将一个灰度文件转换为彩色模式文件，但不可能将原来的颜色完全还原。所以，当要转换灰度模式时，应先做好图像的备份。

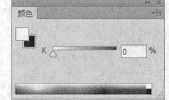

图 1-18

像黑白照片一样，一个灰度模式的图像只有明暗值，没有色相和饱和度这两种颜色信息。0%代表白，100%代表黑。其中的 K 值用于衡量黑色油墨用量，颜色控制面板如图 1-18 所示。

 **提示** 将彩色模式转换为双色调模式（Duotone）或位图模式（Bitmap）时，必须先转换为灰度模式，然后由灰度模式转换为双色调模式或位图模式。

## 1.2 工作界面

使用工作界面是学习 Photoshop CC 的基础。熟练掌握工作界面的内容，有助于广大初学者日后得心应手地驾驭 Photoshop CC。

Photoshop CC 的工作界面主要由菜单栏、属性栏、工具箱、控制面板和状态栏组成，如图 1-19 所示。

菜单栏：菜单栏中共包含 9 个菜单命令。利用菜单命令可以完成对图像的编辑、色彩调整、滤镜效果添加等操作。

属性栏：属性栏是工具箱中各个工具的功能扩展。通过在属性栏中设置不同的选项，可以快速地完成多样化的操作。

工具箱：工具箱中包含了多个工具。利用不同的工具可以完成对图像的绘制、观察、测量等操作。

控制面板：控制面板是 Photoshop 的重要组成部分。通过不同的功能面板，可以完成图像中填充颜色、设置图层、添加样式等操作。

状态栏：状态栏可以提供当前文件的显示比例、文档大小、当前所用工具、暂存盘大小等提示信息。

菜单栏
属性栏
工具箱
控制面板
状态栏

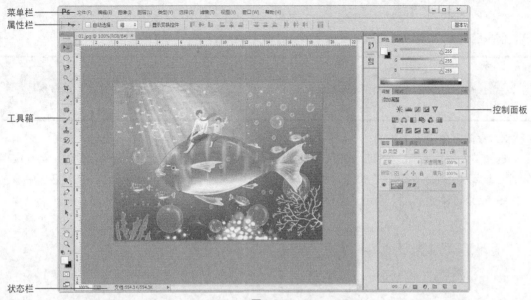

图 1-19

# 1.3 文件操作

利用 Photoshop CC 中文件的新建、存储、打开和关闭等基础操作方法，可以对文件进行基本的处理。

## 1.3.1　新建和存储文件

新建图像是使用 Photoshop CC 进行设计的第一步。如果要在一个空白的图像上绘图，就要在 Photoshop 中新建一个图像文件。编辑和制作完成图像后，就需要将图像进行保存，以便于下次打开继续操作。

### 1. 新建文件

选择"文件 > 新建"命令，或按 Ctrl+N 组合键，可以弹出"新建"对话框，如图 1-20 所示。

名称：可以设置新建图像的文件名。

预设：用于自定义或选择其他固定格式文件的大小。

宽度和高度：设置图像的宽度和高度数值。图像的宽度和高度单位可以设定为像素或厘米，单击"宽度"或"高度"选项右侧的三角形按钮▼，弹出计量单位下拉列表，可以选择计量单位。

分辨率：设置图像的分辨率。该选项可以设定每英寸的像素数或每厘米的像素数。一般在进行屏幕练习时，设定为 72 像素/英寸；在进行平面设计时，设定为输出设备的半调网屏频率的 1.5 ~ 2 倍，一般为 300 像素/英寸；需要打印时，设为打印机分辨率的整除数，如 100 像素/英寸。

颜色模式：可以选择多种颜色模式。

背景内容：可以设定图像的背景颜色。

颜色配置文件：可以设置文件的色彩配置方式。

像素长宽比：可以设置文件中像素比的方式。

信息栏中的"图像大小"项下面显示的是当前文件的大小。

**提 示**

每英寸像素数越高，图像的文件也越大。应根据工作需要，设定合适的分辨率。

#### 2. 存储命令

选择"文件 > 存储"命令，或按 Ctrl+S 组合键，可以存储文件。当设计好的作品进行第一次存储时，选择"文件 > 存储为"命令，将弹出"另存为"对话框，如图 1-21 所示。在对话框中输入文件名、选择文件格式后，单击"保存"按钮，即可将图像保存。

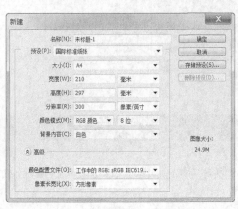

图 1-20

图 1-21

当对已存储过的图像文件进行各种编辑操作后，选择"存储"命令，将不弹出"另存为"对话框，计算机直接保留最终确认的结果，并覆盖原始文件。

如果既要保留修改过的文件，又不想放弃原文件，可以使用"存储为"命令。选择"文件 > 存储为"命令，或按 Shift+Ctrl+S 组合键，弹出"另存为"对话框，在对话框中可以为更改过的文件重新命名、选择路径、设定格式，最后进行保存。

作为副本：可将处理的文件存储成该文件的副本。

Alpha 通道：可存储带有 Alpha 通道的文件。

图层：可同时存储图层和文件。

注释：可存储带有注释的文件。

专色：可存储带有专色通道的文件。

使用小写扩展名：使用小写的扩展名存储文件。该选项未被选中时，将使用大写的扩展名存储文件。

### 1.3.2 打开和关闭文件

如果要对照片或图片进行修改和处理，就要在 Photoshop CC 中打开需要处理的图像。

#### 1. 打开命令

选择"文件 > 打开"命令，或按 Ctrl+O 组合键，弹出"打开"对话框，在对话框中可以搜索路径和文件，确认文件的类型和名称，如图 1-22 所示。然后单击"打开"按钮，或直接双击文件，即可打开所指定的图像文件，如图 1-23 所示。

图 1-22　　　　　　　　　　　　　　　　　　　　　图 1-23

若要同时打开多个文件，可在文件列表中将所需的几个文件同时选中，并单击"打开"按钮，即可按先后次序逐个打开这些文件。

**提示**

按住 Ctrl 键的同时，用鼠标单击，可以选择不连续的文件；按住 Shift 键的同时，用鼠标单击，可以选择连续的文件。

### 2. 关闭文件

"关闭"命令只有在当前有文件被打开时才呈现为可用状态。将图像进行存储后，可以将其关闭。

选择"文件 > 关闭"命令，或按 Ctrl+W 组合键，可以关闭文件。关闭图像时，若当前文件被修改过或是新建文件，则会弹出提示框，如图 1-24 所示，单击"是"按钮即可存储并关闭图像。

图 1-24

如果要将打开的图像全部关闭，可以使用"文件 > 关闭全部"命令，或按 Alt+Ctrl+W 组合键。

## 1.4　基础辅助功能

Photoshop CC 界面上包括颜色设置以及一些辅助性的工具。通过使用颜色设置命令，可以快速地运用需要的颜色绘制图像；通过使用辅助工具，可以快速地对图像进行查看。

### 1.4.1　颜色设置

在 Photoshop 中，可以使用工具箱、"拾色器"对话框、"颜色"控制面板、"色板"控制面板对图像进行颜色的设置。

### 1. 设置前景色和背景色

工具箱中的色彩控制图标■可以用来设定前景色和背景色。单击前景色或背景色控制图标，弹出如图 1-25 所示的色彩"拾色器"对话框，可以在此选取颜色。单击"切换前景色和背景色"图标↩或按 X 键可以互换前景色和背景色。单击"默认前景色和背景色"图标■，可以使前景色和背景色恢复到初始状态，即前景色为黑色、背景色为白色。

### 2. "拾色器"对话框

可以在"拾色器"对话框中设置颜色。

用鼠标在颜色色带上单击或拖曳两侧的三角形滑块，如图 1-26 所示，可以使颜色的色相产生变化。

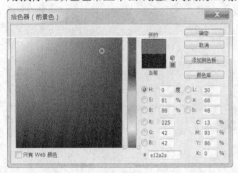

图 1-25

图 1-26

在"拾色器"对话框左侧的颜色选择区中，可以选择颜色的明度和饱和度，垂直方向表示的是明度的变化，水平方向表示的是饱和度的变化。

选择好颜色后，在对话框右侧上方的颜色框中会显示所选择的颜色，右侧下方是所选择颜色的HSB、RGB、CMYK、Lab 值。也可以在数值框中输入数值得到所需的颜色，单击"确定"按钮，所选择的颜色将变为工具箱中的前景或背景色。

### 3. "颜色"控制面板

"颜色"控制面板可以用来改变前景色和背景色。

选择"窗口 > 颜色"命令，弹出"颜色"控制面板，如图 1-27 所示。在控制面板中，可先单击左侧的设置前景或背景色图标■来确定所调整的是前景色还是背景色。然后拖曳三角形滑块或在色带中选择所需的颜色，或直接在颜色的数值框中输入数值来调整颜色。

单击控制面板右上方的图标▤，弹出下拉命令菜单，如图 1-28 所示。此菜单用于设定控制面板中显示的颜色模式，可以在不同的颜色模式中调整颜色。

### 4. "色板"控制面板

可以通过"色板"控制面板选取一种颜色来改变前景色或背景色。选择"窗口 > 色板"命令，弹出"色板"控制面板，如图 1-29 所示。单击控制面板右上方的图标▤，弹出下拉命令菜单，如图1-30 所示。

新建色板：用于新建一个色板。

小缩览图：可使控制面板显示为小图标方式。

小列表：可使控制面板显示为小列表方式。

预设管理器：用于对色板中的颜色进行管理。

复位色板：用于恢复到系统的初始设置状态。

载入色板：用于向"色板"控制面板中增加色板文件。

存储色板：用于将当前"色板"控制面板中的色板文件存入硬盘。

替换色板：用于替换"色板"控制面板中现有的色板文件。

"ANPA 颜色"选项以下各选项都是配置好的颜色库。

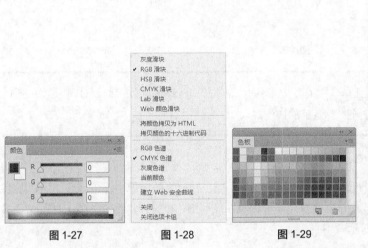

图 1-27　　　　　　图 1-28　　　　　　　　　图 1-29　　　　　　　　　　　　图 1-30

## 1.4.2　图像显示效果

在制作图像的过程中，可以根据不同的设计需要更改图像的显示效果，或应用"信息"控制面板查看图像的相关信息。

### 1. 更改屏幕显示模式

要更改屏幕的显示模式，可以在工具箱底部单击"更改屏幕模式"按钮 ，弹出菜单，如图 1-31 所示。或反复按 F 键，也可切换不同的屏幕模式。按 Tab 键，可以关闭除图像和菜单外的其他面板。

### 2. 缩放工具

放大显示图像：选择"缩放"工具 ，在图像中鼠标光标变为放大图标 ，每单击 1 次鼠标，图像就会放大 1 倍。如图像以 100% 的比例显示在屏幕上，用鼠标在图像上单击 1 次，图像则以 200% 的比例显示。

当要放大一个指定的区域时，选择放大工具 ，按住鼠标不放，选中需要放大的区域松开鼠标，选中的区域会放大显示并填满图像窗口。取消勾选"细微缩放"复选框，可在图像上框选出矩形选区，如图 1-32 所示，可以将选中的区域放大，效果如图 1-33 所示。

按 Ctrl+ + 组合键，可逐次放大图像，例如从 100% 的显示比例放大到 200%，直至 300%、400%。

缩小显示图像：缩小显示图像，一方面，可以用有限的屏幕空间显示出更多的图像，另一方面，可以看到一个较大图像的全貌。

选择"缩放"工具 ，在图像中光标变为放大工具图标 ，按住 Alt 键不放，鼠标光标变为缩小工具图标 。每单击一次鼠标，图像将缩小一倍显示。按 Ctrl+ – 组合键，可逐次缩小图像。

也可在缩放工具属性栏中单击缩小工具按钮 ，则鼠标光标变为缩小工具图标 ，每单击一次鼠标，图像将缩小一倍显示。

图 1-31        图 1-32        图 1-33

> **技巧**
>
> 当正在使用工具箱中的其他工具时，按住 Alt+Space 组合键，可以快速切换到缩小工具，进行缩小显示的操作。

### 3. "抓手"工具

选择"抓手"工具，在图像中鼠标光标变为抓手，在放大的图像中拖曳鼠标，可以观察图像的每个部分，效果如图 1-34 所示。直接用鼠标拖曳图像周围的垂直和水平滚动条，也可观察图像的每个部分，效果如图 1-35 所示。

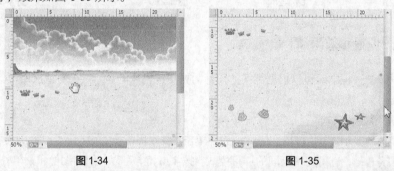

图 1-34        图 1-35

> **技巧**
>
> 如果正在使用其他的工具进行工作，按住 Space 键，可以快速切换到抓手工具。

### 4. 缩放命令

选择"视图 > 放大"命令，可放大显示当前图像。

选择"视图 > 缩小"命令，可缩小显示当前图像。

选择"视图 > 按屏幕大小缩放"命令，可满屏显示当前图像。

选择"视图 > 100%/200%"命令，可以 100%或 200%的倍率显示当前图像。

选择"视图 > 打印尺寸"命令，可以实际的打印尺寸显示当前图像。

## 1.4.3  标尺与参考线

标尺和参考线的设置可以使图像处理更加精确，而实际设计任务中的许多问题也需要使用标尺和参考线来解决。

### 1. 标尺

设置标尺可以精确地编辑和处理图像。选择"编辑 > 首选项 > 单位与标尺"命令，弹出相应的对话框，如图 1-36 所示。

图 1-36

单位：用于设置标尺和文字的显示单位，有不同的显示单位供选择。

列尺寸：使用列来精确确定图像的尺寸。

点/派卡大小：与输出有关。

选择"视图 > 标尺"命令，可以显示或隐藏标尺，如图 1-37、图 1-38 所示。

图 1-37

图 1-38

---

**技 巧**

反复按 Ctrl+R 组合键，也可以显示或隐藏标尺。

---

### 2. 参考线

设置参考线可以使编辑图像的位置更精确。将鼠标的光标放在水平标尺上，按住鼠标不放，向下拖曳出水平的参考线，效果如图 1-39 所示。将鼠标的光标放在垂直标尺上，按住鼠标不放，向右拖曳出垂直的参考线，效果如图 1-40 所示。

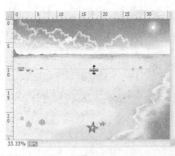

图 1-39

图 1-40

**技 巧**　　　按住 Alt 键不放，可以从水平标尺中拖曳出垂直参考线，还可从垂直标尺中拖曳出水平参考线。

选择"视图 > 显示 > 参考线"命令，可以显示或隐藏参考线，此命令只有在存在参考线的前提下才能应用。反复按 Ctrl+; 组合键，可以显示或隐藏参考线。

选择"移动"工具 ，将鼠标放在参考线上，鼠标光标变为 ，按住鼠标拖曳，可以移动参考线。

选择"视图 > 锁定参考线"命令或按 Alt+Ctrl+; 组合键，可以将参考线锁定，参考线锁定后将不能移动。选择"视图 > 清除参考线"命令，可以将参考线清除。选择"视图 > 新建参考线"命令，弹出"新建参考线"对话框，如图 1-41 所示，设定后单击"确定"按钮，图像中出现新建的参考线。

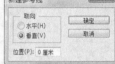

图 1-41

**提 示**　　　在实际制作过程中，要精确地利用标尺和参考线，在设定时可以参考"信息"控制面板中的数值。

## 1.5　选框工具

使用选框工具可以在图像或图层中绘制规则的选区，选取出规则的图像。

### 1.5.1　矩形选框工具

使用矩形选框工具可以在图像或图层中绘制矩形选区。选择"矩形选框"工具 ，或反复按 Shift+M 组合键，属性栏状态如图 1-42 所示。

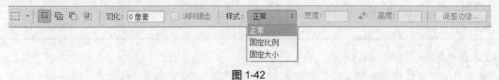

图 1-42

新选区 ：去除旧选区，绘制新选区。

添加到选区 ：在原有选区的上面增加新的选区。

从选区减去　：在原有选区上减去新选区的部分。

与选区交叉　：选择新旧选区重叠的部分。

羽化：用于设定选区边界的羽化程度。

消除锯齿：用于清除选区边缘的锯齿。

样式：用于选择类型。"正常"选项为标准类型；"固定比例"选项用于设定长宽比例；"固定大小"选项用于固定柜形选框的长度和宽。

宽度和高度：用来设定宽度和高度。

选择"矩形选框"工具　，在图像中适当的位置单击并按住鼠标不放，向右下方拖曳鼠标绘制选区，松开鼠标，矩形选区绘制完成，如图 1-43 所示。按住 Shift 键，在图像中可以绘制出正方形选区，如图 1-44 所示。

图 1-43　　　　　　　　　　　　　　　图 1-44

## 1.5.2　椭圆选框工具

使用椭圆选框工具可以在图像或图层中绘制出椭圆形选区。选择"椭圆选框"工具　，或反复按 Shift+M 组合键，属性栏状态如图 1-45 所示。

图 1-45

选择"椭圆选框"工具　，在图像窗口中适当的位置单击并按住鼠标不放，拖曳鼠标绘制选区，松开鼠标后，椭圆选区绘制完成，如图 1-46 所示。按住 Shift 键的同时，在图像窗口拖曳鼠标中可以绘制圆形选区，如图 1-47 所示。

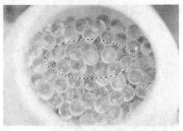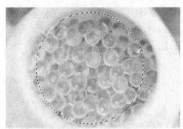

图 1-46　　　　　　　　　　　　　　　图 1-47

在椭圆选框工具的属性栏中可以设置其羽化值。原效果如图 1-48 所示。当羽化值为"0 像素"时，绘制选区并用白色填充选区，效果如图 1-49 所示。当羽化值为"50 像素"时，绘制选区并用白色填充选区，效果如图 1-50 所示。

图 1-48

图 1-49

图 1-50

提示

椭圆选框工具属性栏的其他选项和矩形选框工具属性栏相同，这里就不再赘述。

### 1.5.3 课堂案例——制作娃娃城标志

**案例学习目标**

学习使用选框工具绘制标志。

**案例知识要点**

使用椭圆选框工具绘制头部图形；使用创建剪贴蒙版命令制作腮红
图形；使用添加图层样式命令为文字添加描边效果。娃娃城标志如图 1-51 所示。

图 1-51

**效果所在位置**

云盘/Ch01/效果/制作娃娃城标志.psd。

（1）按 Ctrl+N 组合键，新建一个文件，宽度为 10 厘米，高度为 10 厘米，分辨率为 300 像素/
英寸，颜色模式为 RGB，背景内容为白色，单击"确定"按钮。

（2）按 Ctrl+O 组合键，打开云盘中的"Ch01 > 素材 > 制作娃娃城标志 > 01"文件。选择"移
动"工具，将图形拖曳到图像窗口中，在"图层"控制面板中生成新的图层，并将其命名为"底
图"，如图 1-52 所示，效果如图 1-53 所示。

图 1-52

图 1-53

（3）单击"图层"控制面板下方的"创建新组"按钮 ，生成新的图层组并将其命名为"头部"。新建图层并将其命名为"头发"。选择"椭圆选框"工具 ，单击属性栏中的"添加到选区"按钮 ，在图像窗口中绘制出 3 个椭圆形选区进行相加，如图 1-54 所示。填充选区为黑色，按 Ctrl+D 组合键，取消选区，效果如图 1-55 所示。

图 1-54　　　　　　　　　　　　　　图 1-55

（4）新建图层并将其命名为"左耳朵"。将前景色设为肉色（其 R、G、B 的值分别为 255、221、197）。选择"椭圆选框"工具 ，在图像窗口中拖曳鼠标绘制一个椭圆选区，按 Alt+Delete 组合键，用前景色填充选区，如图 1-56 所示。按 Ctrl+D 组合键，取消选区。按 Ctrl+T 组合键，在图像周围出现变换框，将鼠标光标放在变换框控制手柄的外边，光标变为旋转图标 ，拖曳鼠标将图像旋转到适当的角度，按 Enter 键确认操作，效果如图 1-57 所示。

图 1-56　　　　　　　　　　　　　　图 1-57

（5）单击"图层"控制面板下方的"添加图层样式"按钮 ，在弹出的菜单中选择"描边"命令，弹出"图层样式"对话框，将描边颜色设为白色，其他选项的设置如图 1-58 所示。单击"确定"按钮，效果如图 1-59 所示。用相同的方法绘制右耳朵图形，效果如图 1-60 所示。

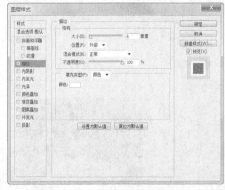

图 1-58　　　　　　　　　　图 1-59　　　　　　　　　　图 1-60

（6）新建图层并将其命名为"脸"。选择"椭圆选框"工具 ，绘制两个椭圆选区进行相加，如图 1-61 所示。用肉色（其 R、G、B 的值分别为 255、221、197）填充选区，效果如图 1-62 所示。按 Ctrl+D 组合键，取消选区。在"左耳朵"图层上单击鼠标右键，在弹出的菜单中选择"拷贝图层样式"命令，在"脸"图层上单击鼠标右键，在弹出的菜单中选择"粘贴图层样式"命令，效果如图 1-63 所示。

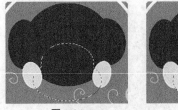

图 1-61　　　　　　　　　　图 1-62　　　　　　　　　　图 1-63

（7）新建图层并将其命名为"腮红"。将前景色设为粉色（其 R、G、B 的值分别为 225、179、193）。选择"椭圆选框"工具，按住 Shift 键的同时，拖曳光标绘制一个圆形选区，按 Alt+Delete 组合键，用前景色填充选区。按 Ctrl+D 组合键，取消选区，效果如图 1-64 所示。

（8）按 Ctrl+Alt+G 组合键，制作"腮红"图层的剪贴蒙版，效果如图 1-65 所示。用相同的方法制作出另一个腮红图形，如图 1-66 所示。

图 1-64　　　　　　　　　　图 1-65　　　　　　　　　　图 1-66

（9）新建图层并将其命名为"刘海"。选择"椭圆选框"工具，单击属性栏中的"从选区中减去"按钮，在图像窗口中绘制两个椭圆形选区进行相减。用黑色填充选区，如图 1-67 所示，按 Ctrl+D 组合键，取消选区。

（10）单击"图层"控制面板下方的"添加图层样式"按钮，在弹出的菜单中选择"描边"命令，弹出"图层样式"对话框，将描边颜色设为白色，其他选项的设置如图 1-68 所示，单击"确定"按钮，效果如图 1-69 所示。

图 1-67　　　　　　　　　　图 1-68　　　　　　　　　　图 1-69

（11）选择"矩形选框"工具，在图像窗口中拖曳鼠标绘制矩形选区，按 Delete 键，删除选区中的图像。按 Ctrl+D 组合键，取消选区，效果如图 1-70 所示。用相同的方法制作出如图 1-71 所示的效果。

（12）新建图层并将其命名为"头花"。选择"椭圆选框"工具 ，单击属性栏中的"添加到选区"按钮 ，在图像窗口中绘制出多个椭圆形选区进行相加，如图 1-72 所示。用白色填充选区，按 Ctrl+D 组合键，取消选区，效果如图 1-73 所示。

图 1-70

图 1-71

图 1-72

图 1-73

（13）将"头花"图层拖曳到"图层"控制面板下方的"创建新图层"按钮 上进行复制，生成新的图层"头花 拷贝"，如图 1-74 所示。按 Ctrl+T 组合键，图形周围出现变换框，在变换框中单击鼠标右键，在弹出的菜单中选择"水平翻转"命令，按 Enter 键确定操作。选择"移动"工具 ，在图像窗口中将其拖曳到适当的位置，效果如图 1-75 所示。

图 1-74

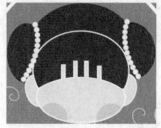
图 1-75

（14）新建图层并将其命名为"眼睛"。选择"钢笔"工具 ，绘制一条路径，按 Ctrl+Enter 组合键，将路径转换为选区，用黑色填充选区，如图 1-76 所示。按 Ctrl+D 组合键，取消选区。用相同的方法再绘制出另一个眼睛图形，效果如图 1-77 所示。

图 1-76

图 1-77

（15）将前景色设为粉红色（其 R、G、B 的值分别为 251、84、115）。选择"椭圆选框"工具 ，在眼睛的下方拖曳光标绘制一个椭圆选区，按 Alt+Delete 组合键，用前景色填充选区，按 Ctrl+D 组合键，取消选区，效果如图 1-78 所示。

（16）按 Ctrl+O 组合键，打开云盘中的"Ch01 > 素材 > 制作娃娃城标志 > 02"文件，选择"移动"工具 ，将图形拖曳到图像窗口中，把"图层"控制面板中生成新的图层并将其命名为"文字"，如图 1-79 所示，效果如图 1-80 所示。娃娃城标志绘制完成。

| 图 1-78 | 图 1-79 | 图 1-80 |

## 1.6 使用套索工具

可以应用套索工具、多边形套索工具、磁性套索工具绘制不规则选区。

### 1.6.1 套索工具

使用套索工具可以在图像或图层中绘制不规则形状的选区，选取不规则形状的图像。选择"套索"工具 ，或反复按 Shift+L 组合键，其属性栏状态如图 1-81 所示。

图 1-81

：为选择方式选项。

羽化：用于设定选区边缘的羽化程度。

消除锯齿：用于清除选区边缘的锯齿。

选择"套索"工具 ，在图像中的适当位置单击鼠标并按住不放，拖曳鼠标在人物的周围进行绘制，如图 1-82 所示，松开鼠标，选择区域自动封闭生成选区，效果如图 1-83 所示。

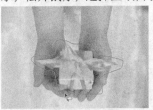

| 图 1-82 | 图 1-83 |

### 1.6.2 多边形套索工具

多边形套索工具可以用来选取不规则的多边形图像。选择"多边形套索"工具 ，或反复按 Shift+L 组合键，其属性栏中的有关内容与套索工具属性栏的内容相同。

选择"多边形套索"工具 ，在图像中单击设置所选区域的起点，接着单击设置选择区域的其他点，效果如图 1-84 所示。将鼠标光标移回到起点，多边形套索工具显示为图标 ，如图 1-85 所示，单击鼠标即可封闭选区，效果如图 1-86 所示。

图 1-84　　　　　　　　　　图 1-85　　　　　　　　　　图 1-86

在图像中使用"多边形套索"工具 ，绘制选区时，按 Enter 键，可封闭选区；按 Esc 键，可取消选区；按 Delete 键，可删除刚刚单击建立的选区点。

 提示　　在图像中使用多边形套索工具 ，绘制选区时，按住 Alt 键，可以暂时切换为套索工具 来绘制选区，松开 Alt 键，切换为多边形套索工具 继续绘制。

### 1.6.3　磁性套索工具

磁性套索工具可以用来选取不规则的并与背景反差大的图像。选择"磁性套索"工具 ，或反复按 Shift+L 组合键，其属性栏如图 1-87 所示。

图 1-87

：为选择方式选项。

羽化：用于设定选区边缘的羽化程度。

消除锯齿：用于清除选区边缘的锯齿。

宽度：用于设定套索检测范围，磁性套索工具将在这个范围内选取反差最大的边缘。

对比度：用于设定选取边缘的灵敏度，数值越大，则要求边缘与背景的反差越大。

频率：用于设定选取点的速率，数值越大，标记速率越快，标记点越多。

钢笔压力：用于设定专用绘图板的笔刷压力。

选择"磁性套索"工具 ，在图像中的适当位置单击鼠标并按住不放，根据选取图像的形状拖曳鼠标，选取图像的磁性轨迹会紧贴图像的内容，如图 1-88 所示，将鼠标光标移回到起点，如图 1-89 所示，单击即可封闭选区，效果如图 1-90 所示。

图 1-88　　　　　　　　　　图 1-89　　　　　　　　　　图 1-90

在图像中使用"磁性套索"工具 ，绘制选区时，按 Enter 键，可封闭选区；按 Esc 键，可取消选区；按 Delete 键，可删除刚刚单击建立的选区点。

 **提 示**　在图像中使用磁性套索工具 🖳 绘制选区时，按住 Alt 键，可以暂时切换为套索工具 ◯ 绘制选区；松开 Alt 键，切换为磁性套索工具 🖳 继续绘制选区。

### 1.6.4　课堂案例——制作秋后风景

📋 **案例学习目标**

学习使用套索工具绘制不规则选区。

📋 **案例知识要点**

使用磁性套索工具将蜻蜓图像抠出；使用套索工具将山丘图像抠出；使用多边形套索工具将风车图像抠出。秋后风景效果如图 1-91 所示。

图 1-91

📋 **效果所在位置**

云盘/Ch01/效果/制作秋后风景.psd。

**1. 使用磁性套索工具抠图像**

（1）按 Ctrl+O 组合键，打开云盘中的"Ch01 > 素材 > 制作秋后风景 > 01、02"文件。选择"移动"工具 ⊕，将 02 素材图片拖曳到 01 素材的图像窗口中，效果如图 1-92 所示，在"图层"控制面板中生成新的图层，并将其命名为"稻草人"，如图 1-93 所示。

（2）按 Ctrl+T 组合键，在图像周围出现变换框。将鼠标光标放在变换框控制手柄的外边，光标变为旋转图标 ↰，拖曳鼠标将图像旋转到适当的角度，按 Enter 键确认操作，效果如图 1-94 所示。

图 1-92

图 1-93

图 1-94

（3）按 Ctrl+O 组合键，打开云盘中的"Ch01 > 素材 > 制作秋后风景 > 03"文件，效果如图 1-95 所示。选择"磁性套索"工具 🖳，在蜻蜓图像的边缘单击鼠标，根据蜻蜓的形状拖曳鼠标，绘制一条封闭路径，路径自动转换为选区，如图 1-96 所示。选择"移动"工具 ⊕，拖曳选区中的图像到素材 01 的图像窗口中，并调整到适当的位置及角度，如图 1-97 所示。在"图层"控制面板中生成新的图层，并将其命名为"蜻蜓"。

图 1-95

图 1-96

图 1-97

（4）将"蜻蜓"图层拖曳到控制面板下方的"创建新图层"按钮 上进行复制，生成新的图层"蜻蜓 拷贝"，如图 1-98 所示。选择"移动"工具 ，拖曳复制的蜻蜓到适当的位置，并调整其大小和角度，效果如图 1-99 所示。

图 1-98

图 1-99

### 2. 使用套索工具抠图像

（1）按 Ctrl+O 组合键，打开云盘中的"Ch01 > 素材 > 制作秋后风景 > 04"文件。选择"套索"工具 ，在山丘图像的边缘单击并拖曳鼠标将山丘图像抠出，如图 1-100 所示。选择"移动"工具 ，拖曳选区中的图像到素材 01 的图像窗口的右上方，效果如图 1-101 所示。在"图层"控制面板中生成新的图层，并将其命名为"山丘"，如图 1-102 所示。

图 1-100

图 1-101

图 1-102

（2）将"山丘"图层拖曳到控制面板下方的"创建新图层"按钮 上进行复制，生成新的图层"山丘 拷贝"，如图 1-103 所示。选择"移动"工具 ，拖曳复制的山丘图像到适当的位置并调整其大小，效果如图 1-104 所示。

图 1-103

图 1-104

### 3. 使用多边形套索抠图像

（1）按 Ctrl+O 组合键，打开云盘中的"Ch01 > 素材 > 制作秋后风景 > 05"文件，如图 1-105 所示。选择"多边形套索"工具 ，在风车图像的边缘多次单击并拖曳鼠标，将风车图像抠出，如图 1-106 所示。

图 1-105

图 1-106

（2）选择"移动"工具 ，将选区中的图像拖曳到素材 01 的图像窗口中，在"图层"控制面板中生成新的图层，并将其命名为"风车"，如图 1-107 所示。按 Ctrl+T 组合键，在图像周围出现控制手柄，拖曳控制手柄调整图像的大小，按 Enter 键确认操作，效果如图 1-108 所示。秋后风景效果制作完成。

图 1-107

图 1-108

## 1.7 魔棒工具

魔棒工具可以用来选取图像中的某一点，并将与这一点颜色相同或相近的点自动选取到选区当中。

### 1.7.1　使用魔棒工具

选择"魔棒"工具 ，或按 W 键，其属性栏如图 1-109 所示。

图 1-109

 ：选择方式选项。

容差：用于控制色彩的范围，数值越大，可容许的颜色范围越大。

消除锯齿：用于清除选区边缘的锯齿。

连续：用于选择单独的色彩范围。

对所有图层取样：用于将所有可见层中颜色容许范围内的色彩加入选区。

选择"魔棒"工具 ，在图像中单击需要选择的颜色区域，即可得到需要的选区，如图 1-110 所示。调整属性栏中的容差值，再次单击需要选择的颜色区域，不同容差值的选区效果如图 1-111 所示。

图 1-110

图 1-111

### 1.7.2　课堂案例——使用魔棒工具更换背景

📋　**案例学习目标**

学习使用魔棒工具选取颜色相同或相近的区域。

📋　**案例知识要点**

使用魔棒工具更换背景；使用色相/饱和度命令调整图片的亮度；使用横排文字工具添加文字。使用魔棒工具更换背景效果，效果如图 1-112 所示。

图 1-112

📋　**效果所在位置**

云盘/Ch01/效果/使用魔棒工具更换背景.psd。

**1.　添加图片并更换背景**

（1）按 Ctrl+O 组合键，打开云盘中的"Ch01 > 素材 > 使用魔棒工具更换背景 > 01、02"文件，效果如图 1-113、图 1-114 所示。

图 1-113

图 1-114

（2）双击 01 素材的"背景"图层，在弹出的"新建图层"对话框中进行设置，如图 1-115 所示。单击"确定"按钮，在"图层"控制面板中将"背景"图层转换为"城堡"图层。

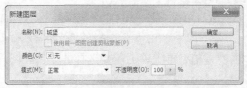
图 1-115

（3）选择"魔棒"工具 ，选中属性栏中的"添加到选区"按钮 ，将"容差"选项设为 60，在素材 01 的图像窗口中的蓝色天空图像上单击鼠标，生成选区，效果如图 1-116 所示。按 Delete 键，删除选区中的图像，效果如图 1-117 所示。按 Ctrl+D 组合键，取消选区。

图 1-116

图 1-117

（4）选择"移动"工具 ，将 02 素材图片拖曳到 01 素材的图像窗口中的适当位置，并调整其大小，在"图层"控制面板中生成新的图层，并将其命名为"天空图片"，拖曳到"城堡"图层的下方，如图 1-118 所示，图像效果如图 1-119 所示。

图 1-118

图 1-119

**2．调整图片亮度并添加文字**

（1）选择"图像 > 调整 > 色相/饱和度"命令，在弹出的对话框中进行设置，如图 1-120 所示。

单击"确定"按钮，效果如图 1-121 所示。

图 1-120

图 1-121

（2）将前景色设为白色。选择"横排文字"工具 $\boxed{T}$，在属性栏中选择合适的字体并设置文字大小，在图像窗口中输入文字，如图 1-122 所示，在"图层"控制面板中生成新的文字图层。

（3）新建图层并将其命名为"圆"。选择"椭圆选框"工具 $\boxed{\bigcirc}$，按住 Shift 键的同时，拖曳鼠标绘制一个圆形选区，用白色填充选区，效果如图 1-123 所示。按 Ctrl+D 组合键，取消选区。用相同的方法再绘制 5 个圆形，如图 1-124 所示。使用魔棒工具更换背景制作完成，效果如图 1-125 所示。

图 1-122

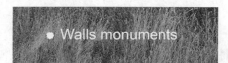

图 1-123

图 1-124

图 1-125

## 1.8 选区的调整

可以根据需要对选区进行增加、减小、羽化、反选等操作，从而达到制作的要求。

### 1.8.1　增加或减小选区

选择"椭圆选框"工具 $\boxed{\bigcirc}$ 在图像上绘制选区，如图 1-126 所示。再选择"矩形选框"工具 $\boxed{\square}$，按住 Shift 键的同时，拖曳鼠标绘制出增加的矩形选区，如图 1-127 所示。增加后的选区效果如图 1-128 所示。

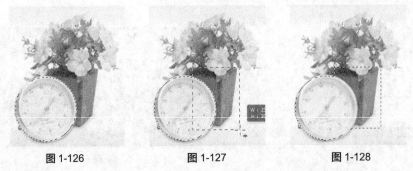

图 1-126        图 1-127        图 1-128

选择"椭圆选框"工具 ◯，在图像上绘制选区，如图 1-129 所示。再选择"矩形选框"工具 ▢，按住 Alt 键的同时，拖曳鼠标绘制出矩形选区，如图 1-130 所示。减小后的选区效果如图 1-131 所示。

图 1-129        图 1-130        图 1-131

### 1.8.2 羽化选区

羽化选区可以使图像产生柔和的效果。

在图像中绘制选区，如图 1-132 所示。选择"选择 > 修改 > 羽化"命令，弹出"羽化选区"对话框，设置羽化半径的数值，如图 1-133 所示，单击"确定"按钮，选区被羽化。将选区反选，效果如图 1-134 所示，在选区中填充颜色后，效果如图 1-135 所示。

图 1-132        图 1-133        图 1-134        图 1-135

还可以在绘制选区前，在工具的属性栏中直接输入羽化的数值。此时，绘制的选区自动成为带有羽化边缘的选区。

### 1.8.3　反选选区

选择"选择 > 反向"命令，或按 Shift+Ctrl+I 组合键，可以对当前的选区进行反向选取，效果如图 1-136、图 1-137 所示。

图 1-136　　　　　　　　　　　　图 1-137

### 1.8.4　取消选区

选择"选择 > 取消选择"命令，或按 Ctrl+D 组合键，可以取消选区。

### 1.8.5　移动选区

将鼠标放在选区中，鼠标光标变为 ▷:: 图标，如图 1-138 所示。按住鼠标并进行拖曳，鼠标光标变为 ▶ 图标，可将选区拖曳到其他位置，如图 1-139 所示。松开鼠标，即可完成选区的移动，效果如图 1-140 所示。

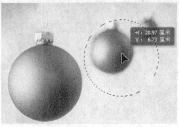

图 1-138　　　　　　　　　　图 1-139　　　　　　　　　　图 1-140

当使用矩形选框和椭圆选框工具绘制选区时，不要松开鼠标，按住 Space 键的同时拖曳鼠标，即可移动选区。绘制出选区后，使用键盘中的方向键，可以将选区沿各方向每次移动 1 个像素；绘制出选区后，使用 Shift+方向键，可以将选区沿各方向移动每次 10 个像素。

## 课堂练习——制作人物艺术照

### 练习知识要点

使用魔棒工具选取人物；使用羽化命令羽化选取；使用移动工具移动人物。人物艺术照效果如图 1-141 所示。

### 效果所在位置

云盘/Ch01/效果/制作人物艺术照.psd。

图 1-141

## 课后习题——制作清新海报

### 习题知识要点

使用色彩范围命令选取人物；使用横排文字工具添加文字。效果如图 1-142 所示。

### 效果所在位置

云盘/Ch01/效果/制作清新海报.psd。

图 1-142

# 第 2 章 绘制与编辑图像

本章主要介绍绘制、修饰和编辑图像的方法和技巧。通过本章的学习，可以应用画笔工具和填充工具绘制出丰富多彩的图像效果；使用仿制图章、污点修复、红眼等工具修复有缺陷的图像；使用调整图像的尺寸、移动或复制图像、裁剪图像等工具编辑和调整图像。

| 课堂学习目标 | / 掌握绘制图像的方法和技巧 |
| --- | --- |
| | / 掌握修饰图像的方法和技巧 |
| | / 掌握编辑图像的方法和技巧 |

## 2.1　绘制图像

使用绘图工具和填充工具是绘制和编辑图像的基础。画笔工具可以用于绘制出各种绘画效果；铅笔工具可以用于绘制出各种硬边效果；渐变工具可以用于创建多种颜色间的渐变效果；定义图案命令可以用于用自定义的图案填充图形；描边命令可以用于为选区描边。

### 2.1.1　画笔的使用

应用不同的画笔形状、设置不同的画笔不透明度和画笔模式，可以绘制出多姿多彩的图像效果。

**1．画笔工具**

选择"画笔"工具 ，或反复按 Shift+B 组合键，其属性栏的效果如图 2-1 所示。

图 2-1

画笔预设：用于选择预设的画笔。

模式：用于选择混合模式。选择不同的模式，用喷枪工具操作时，将产生丰富的效果。

不透明度：可以设定画笔的不透明度。

流量：用于设定描边的流动速率，压力越大，喷色越浓。

喷枪 ：可以选择喷枪效果。

在画笔工具属性栏中单击"画笔"选项右侧的按钮，弹出如图 2-2 所示的画笔选择面板，在面板中可以选择画笔形状。

拖曳"大小"选项下方的滑块或直接输入数值，可以设置画笔的大小。

单击"画笔"选择面板右侧的齿轮状按钮 ，在弹出的下拉菜单中选择"小列表"命令，如图 2-3 所示，此时的"画笔"选择面板的显示效果如图 2-4 所示。

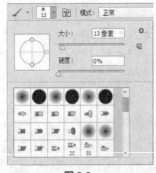

图 2-2          图 2-3          图 2-4

新建画笔预设：用于建立新画笔。

重命名画笔：用于重新命名画笔。

删除画笔：用于删除当前选中的画笔。

仅文本：以文字描述方式显示画笔选择面板。

小缩览图：以小图标方式显示画笔选择面板。

大缩览图：以大图标方式显示画笔选择面板。

小列表：以文字和小图标列表方式显示画笔选择面板。

大列表：以文字和大图标列表方式显示画笔选择面板。

描边缩览图：以笔画的方式显示画笔选择面板。

预设管理器：用于在弹出的预置管理器对话框中编辑画笔。

复位画笔：用于恢复默认状态的画笔。

载入画笔：用于将存储的画笔载入面板。

存储画笔：用于将当前的画笔进行存储。

替换画笔：用于载入新画笔并替换当前画笔。

在"模式"选项的下拉列表中可以为画笔设置模式。应用不同的模式，画笔绘制出来的效果也不相同。画笔的"不透明度"选项用于设置绘制效果的不透明度，数值为 100% 时，画笔效果为不透明，其数值范围为 0%～100%。

**2．画笔面板的使用**

可以应用画笔面板为画笔定义不同的形状与渐变颜色，绘制出多样的画笔图形。

单击属性栏中的 按钮，或选择"窗口 > 画笔"命令，弹出"画笔"控制面板，单击"画笔预设"按钮，弹出控制面板，如图 2-5 所示。在"画笔预设"控制面板的画笔选择框中单击需要的画笔后，在"画笔"控制面板单击左侧的其他选项，可以设置不同的样式。在"画笔"控制面板下方还提供了一个预览画笔效果的窗口，可预览设置的效果。

"画笔笔尖形状"控制面板可以设置画笔的形状。在"画笔"控制面板中，单击"画笔笔尖形状"选项，切换到相应的控制面板，如图 2-6 所示。

大小：用于设置画笔的大小。

角度：用于设置画笔的倾斜角度。

圆度：用于设置画笔的圆滑度。在右侧的预览窗口中可以观察和调整画笔的角度和圆滑度。

硬度：用于设置画笔所画图像边缘的柔化程度。硬度的数值用百分比表示。

间距：用于设置画笔画出的标记点之间的距离。

单击"形状动态"选项，切换到相应的控制面板，如图 2-7 所示。

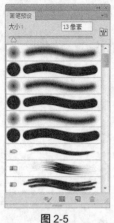
图 2-5

图 2-6

图 2-7

大小抖动：用于设置动态元素的自由随机度。数值设置为 100% 时，画笔绘制的元素会出现最大的自由随机度；数值设置为 0% 时，画笔绘制的元素没有变化。

控制：在其下拉列表中可以选择多个选项，用来控制动态元素的变化，包括关、渐隐、钢笔压力、钢笔斜度和光笔轮 5 个选项。

最小直径：用来设置画笔标记点的最小尺寸。

角度抖动、控制：用于设置画笔在绘制线条的过程中标记点角度的动态变化效果。在"控制"选项的下拉列表中，可以选择各个选项，用来控制抖动角度的变化。

圆度抖动、控制：用于设置画笔在绘制线条的过程中标记点圆度的动态变化效果。在"控制"选项的下拉列表中，可以选择多个选项，用来控制圆度抖动的变化。

最小圆度：用于设置画笔标记点的最小圆度。

"散布"控制面板可以设置画笔绘制的线条中标记点的效果。在"画笔"控制面板中，单击"散布"选项，切换到相应的控制面板，如图 2-8 所示。

散布：用于设置画笔绘制的线条中标记点的分布效果。不勾选"两轴"选项，则标记点的分布与画笔绘制的线条方向垂直；勾选"两轴"选项，则标记点将以放射状分布。

数量：用于设置每个空间间隔中标记点的数量。

数量抖动：用于设置每个空间间隔中标记点的数量变化。在"控制"选项的下拉列表中可以选择各个选项，用来控制数量抖动的变化。

"颜色动态"控制面板用于设置画笔绘制过程中颜色的动态变化情况。在"画笔"控制面板中，单击"颜色动态"选项，切换到相应的控制面板，如图 2-9 所示。

前景/背景抖动：用于设置画笔绘制的线条在前景色和背景色之间的动态变化。

色相抖动：用于设置画笔绘制线条的色相动态变化范围。

饱和度抖动：用于设置画笔绘制线条的饱和度动态变化范围。

亮度抖动：用于设置画笔绘制线条的亮度动态变化范围。

纯度选项：用于设置颜色的纯度。

单击"传递"选项，切换到相应的控制面板，如图 2-10 所示。

不透明度抖动：用于设置画笔绘制线条的不透明度的动态变化情况。

流量抖动：用于设置画笔绘制线条的流畅度的动态变化情况。

单击"画笔预设"控制面板右上方的图标 ▤，弹出如图 2-11 所示的菜单，应用菜单中的命令可以设置"画笔"控制面板。

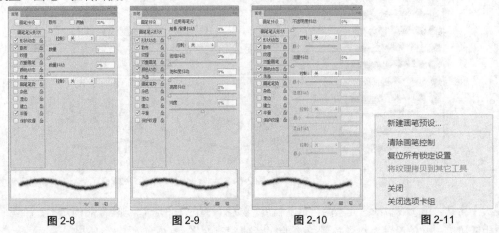

图 2-8          图 2-9          图 2-10          图 2-11

### 2.1.2 铅笔的使用

使用铅笔工具可以模拟铅笔的效果进行绘画。选择"铅笔"工具 ✎，或反复按 Shift+B 组合键，其属性栏的效果如图 2-12 所示。

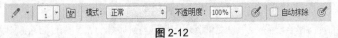

图 2-12

画笔：用于选择画笔。

模式：用于选择混合模式。

不透明度：用于设定不透明度。

自动抹除：用于自动判断绘画时的起始点颜色，如果起始点颜色为背景色，则铅笔工具将以前景色进行绘制；如果起始点颜色为前景色，铅笔工具则会以背景色进行绘制。

### 2.1.3 渐变工具

选择"渐变"工具 ▣，或反复按 Shift+G 组合键，其属性栏如图 2-13 所示。

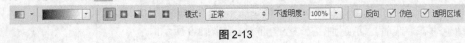

图 2-13

▣ ▾ ：用于选择和编辑渐变的色彩。

▣ ▣ ▣ ▣ ▣ ：用于选择各类型的渐变，包括线性渐变、径向渐变、角度渐变、对称渐变、菱形渐变。

模式：用于选择着色的模式。

不透明度：用于设定不透明度。

反向：用于产生反向色彩渐变的效果。

仿色：用于使渐变更平滑。

透明区域：用于产生不透明度。

如果要自定义渐变形式和色彩，可单击"点按可编辑渐变"按钮，在弹出的"渐变编辑器"对话框中进行设置即可，如图 2-14 所示。

图 2-14

在"渐变编辑器"对话框中，单击颜色编辑框下方的适当位置，可以增加颜色色标，如图 2-15 所示。可以在对话框下方的"颜色"选项中选择颜色，或双击刚建立的颜色色标，弹出"拾色器"对话框，在其中选择适当的颜色，如图 2-16 所示，单击"确定"按钮，颜色即可改变。颜色的位置也可以进行调整，在"位置"选项的数值框中输入数值或用鼠标直接拖曳颜色色标，都可以调整颜色色标的位置。

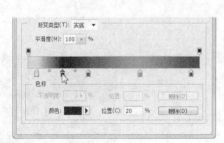

图 2-15

图 2-16

任意选择一个颜色色标，如图 2-17 所示，单击对话框下方的"删除"按钮，或按 Delete 键，可以将颜色色标删除，如图 2-18 所示。

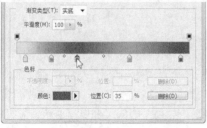

图 2-17

图 2-18

在对话框中单击颜色编辑框左上方的黑色色标，如图 2-19 所示，调整"不透明度"选项的数值，可以使开始的颜色到结束的颜色显示为半透明的效果，如图 2-20 所示。

图 2-19

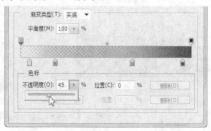

图 2-20

在对话框中单击颜色编辑框的上方，出现新的色标，如图 2-21 所示，调整"不透明度"选项的数值，可以使新色标的颜色向两边的颜色出现过渡式的半透明效果，如图 2-22 所示。如果想删除新的色标，单击对话框下方的"删除"按钮 删除(D)，或按 Delete 键，即可将其删除。

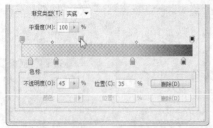

图 2-21                                          图 2-22

### 2.1.4　课堂案例——彩虹效果

📋 **案例学习目标**

学习使用渐变工具绘制彩虹；使用画笔工具制作背景效果。

📋 **案例知识要点**

使用渐变工具制作彩虹；使用橡皮擦工具和不透明度命令制作渐隐的彩虹效果；使用混合模式命令改变彩虹的颜色。彩虹效果如图 2-23 所示。

图 2-23

📋 **效果所在位置**

云盘/Ch02/效果/彩虹效果.psd。

**1．制作彩虹效果**

（1）按 Ctrl+O 组合键，打开云盘中的"Ch02 > 素材 > 彩虹效果 > 01"文件，效果如图 2-24 所示。

（2）新建图层并将其命名为"彩虹"。选择"渐变"工具 ，在属性栏中单击"渐变"图标右侧的按钮 ，在弹出的面板中选中"圆形彩虹"渐变，如图 2-25 所示，在属性栏中将"模式"选项设为"正常"，"不透明度"选项设为 100%，在图像窗口中由中心向下拖曳渐变色，效果如图 2-26 所示。

图 2-24                          图 2-25                          图 2-26

（3）按 Ctrl+T 组合键，图形周围出现控制手柄，适当调整控制手柄将图形变形，按 Enter 键确认操作，如图 2-27 所示。选择"橡皮擦"工具 ，在属性栏中单击"画笔"选项右侧的按钮 ，在弹出的画笔面板中选择需要的画笔形状，将"大小"选项设为 300 像素，"硬度"选项设为 0%，如图 2-28 所示。在图像窗口中拖曳鼠标擦除不需要的图像，效果如图 2-29 所示。

图 2-27

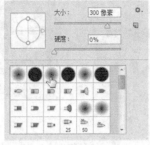
图 2-28

图 2-29

（4）在属性栏中将"不透明度"选项设为 46%，在渐变图形的左侧进行涂抹，效果如图 2-30 所示。在"图层"控制面板上方，将"彩虹"图层的混合模式设为"叠加"，"不透明度"选项设为 60%，如图 2-31 所示，效果如图 2-32 所示。

图 2-30

图 2-31

图 2-32

**2．添加装饰图形**

（1）新建图层并将其命名为"画笔"。将前景色设为白色，按 Alt+Delete 组合键，用前景色填充图层。在"图层"控制面板上方，将"画笔"图层的混合模式选项设为"溶解"，"不透明度"选项设为 30%，如图 2-33 所示，图像窗口中的效果如图 2-34 所示。

图 2-33

图 2-34

（2）单击"图层"控制面板下方的"添加图层蒙版"按钮，为"画笔"图层添加蒙版。选择"画笔"工具，在属性栏中单击"画笔"选项右侧的按钮，在弹出的面板中选择需要的画笔形状，将"大小"选项设为 250 像素，如图 2-35 所示，在图像窗口中拖曳鼠标擦除不需要的图像，效果如图 2-36 所示。

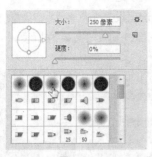

图 2-35 图 2-36

（3）选择"横排文字"工具 T ，在属性栏中选择合适的字体并设置大小，在图像窗口中输入文字，如图 2-37 所示，在控制面板中生成新的文字图层。单击控制面板下方的"添加图层样式"按钮 fx. ，在弹出的菜单中选择"投影"命令，在弹出的对话框中进行设置，如图 2-38 所示。

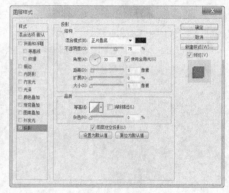

图 2-37 图 2-38

（4）选择"描边"选项，切换到相应的对话框，将描边颜色设为红色（其 R、G、B 的值分别为 255、102、0），其他选项的设置如图 2-39 所示，单击"确定"按钮，效果如图 2-40 所示。彩虹效果制作完成，如图 2-41 所示。

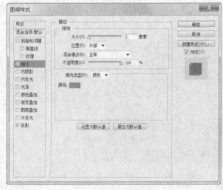

图 2-39 图 2-40 图 2-41

## 2.1.5 自定义图案

在图像上绘制出要定义为图案的选区，如图 2-42 所示。选择"编辑 > 定义图案"命令，弹出

"图案名称"对话框，如图 2-43 所示，单击"确定"按钮，图案定义完成。删除选区中的图像，取消选区。

图 2-42　　　　　　　　　　　　　　　　图 2-43

选择"编辑 > 填充"命令，弹出"填充"对话框.在"自定图案"选择框中选择新定义的图案，如图 2-44 所示，单击"确定"按钮，图案填充的效果如图 2-45 所示。

图 2-44　　　　　　　　　　　　　　　　图 2-45

### 2.1.6　描边命令

使用描边命令可以将选定区域的边缘用前景色描绘出来。选择"编辑 > 描边"命令，弹出"描边"对话框，如图 2-46 所示。

描边：用于设定边线的宽度和颜色。

位置：用于设定所描边线相对于区域边缘的位置，包括内部、居中、居外 3 个选项。

混合：用于设置描边模式和不透明度。

选中要描边的图片，载入选区，效果如图 2-47 所示。选择"编辑 > 描边"命令，弹出"描边"对话框，如图 2-48 所示进行设定，单击"确定"按钮，按 Ctrl+D 组合键，取消选区，图片描边的效果如图 2-49 所示。

图 2-46

图 2-47　　　　　　　　图 2-48　　　　　　　　图 2-49

### 2.1.7　课堂案例——制作时尚插画

📋　**案例学习目标**

学习使用定义图案命令定义背景图案。

📋　**案例知识要点**

使用定义图案命令定义背景图案；使用图案填充命令填充图案；使用横排文字工具添加文字；使用添加图层样式按钮为文字添加特殊效果。时尚插画效果如图 2-50 所示。

图 2-50

📋　**效果所在位置**

云盘/Ch02/效果/制作时尚插画.psd。

（1）按 Ctrl+N 组合键，新建一个文件，宽度为 6.7 厘米，高度为 6.7 厘米，分辨率为 300 像素/英寸，颜色模式为 RGB，背景内容为白色，单击"确定"按钮。将前景色设为淡黄色（其 R、G、B 的值分别为 250、236、207），按 Alt + Delete 组合键，用前景色填充"背景"图层，效果如图 2-51 所示。

（2）按 Ctrl+O 组合键，打开云盘中的"Ch02 > 素材 > 制作时尚插画 > 01"文件，选择"矩形选框"工具 ▢，在图像窗口中拖曳鼠标绘制矩形选区，如图 2-52 所示。选择"编辑 > 定义图案"命令，在弹出的对话框中进行设置，如图 2-53 所示，单击"确定"按钮，定义图案。

图 2-51　　　　　　　　图 2-52

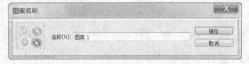

图 2-53

（3）返回图像窗口中，单击"图层"控制面板下方的"创建新的填充或调整图层"按钮 ◑.，在弹出的菜单中选择"图案"命令，在"图层"控制面板中生成"图案填充 1"图层，同时弹出"图案填充"对话框，选项的设置如图 2-54 所示，单击"确定"按钮，效果如图 2-55 所示。

图 2-54

图 2-55

（4）按 Ctrl+O 组合键，打开云盘中的"Ch02 > 素材 > 制作时尚插画 > 02"文件。选择"移动"工具 ▸+，将图片拖曳到图像窗口中的适当位置并调整其大小，效果如图 2-56 所示。在"图层"控制面板中生成新的图层，并将其命名为"蔬菜"，如图 2-57 所示。

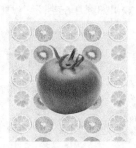
图 2-56

图 2-57

（5）将前景色设为黄色（其 R、G、B 的值分别为 255、234、0），选择"横排文字"工具 T，在适当的位置输入需要的文字并选取文字，在属性栏中选择合适的字体并设置文字大小，按 Alt+← 组合键，适当调整文字间距，效果如图 2-58 所示，在"图层"控制面板中生成新的文字图层。

（6）单击"图层"控制面板下方的"添加图层样式"按钮 fx，在弹出的菜单中选择"描边"命令，弹出"图层样式"对话框，将描边颜色设为红色（其 R、G、B 值分别为 255、0、0），其他选项的设置如图 2-59 所示，单击"确定"按钮，效果如图 2-60 所示。

图 2-58

图 2-59

图 2-60

（7）单击"图层"控制面板下方的"添加图层样式"按钮 fx，在弹出的菜单中选择"投影"命令，弹出"图层样式"对话框，选项的设置如图 2-61 所示，单击"确定"按钮，效果如图 2-62 所示。

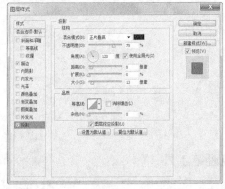
图 2-61

图 2-62

（8）按 Ctrl+T 组合键，图形周围出现变换框，在变换框中单击鼠标右键，在弹出的菜单中选择

"斜切"命令，分别拖曳控制点到适当的位置，如图 2-63 所示，按 Enter 键确认操作，效果如图 2-64 所示。使用相同方法输入其他文字并添加图层样式，效果如图 2-65 所示。时尚插画制作完成。

图 2-63　　　　　　　　图 2-64　　　　　　　　图 2-65

## 2.2　修饰图像

通过仿制图章工具、修复画笔工具、污点修复画笔工具、修补工具和红眼工具等可以快速有效地修复有缺陷的图像。

### 2.2.1　仿制图章工具

仿制图章工具可以以指定的像素点为复制基准点，将其周围的图像复制到其他地方。选择"仿制图章"工具 ![]，或反复按 Shift+S 组合键，其属性栏如图 2-66 所示。

图 2-66

画笔预设：用于选择画笔。

模式：用于选择混合模式。

不透明度：用于设定不透明度。

流量：用于设定扩散的速度。

对齐：用于控制在复制时是否使用对齐功能。

选择"仿制图章"工具 ![]，将鼠标光标放在图像中需要复制的位置，按住 Alt 键，鼠标光标变为圆形十字图标 ![]，如图 2-67 所示，单击选定取样点，松开鼠标，在合适的位置单击并按住鼠标不放，拖曳鼠标复制出取样点的图像，效果如图 2-68 所示。

图 2-67　　　　　　　　图 2-68

### 2.2.2　修复画笔工具和污点修复画笔工具

使用修复画笔工具进行修复，可以使修复的效果自然逼真。使用污点修复画笔工具可以快速去除图像中的污点和不理想的部分。

### 1. 修复画笔工具

选择"修复画笔"工具，或反复按 Shift+J 组合键，属性栏如图 2-69 所示。

**图 2-69**

画笔：可以选择修复画笔工具的大小。单击"画笔"选项右侧的按钮，在弹出的"画笔"面板中，可以设置画笔的大小、硬度、间距、角度、圆度和压力大小，如图 2-70 所示。

模式：在弹出的菜单中可以选择复制像素或填充图案与底图的混合模式。

源：选择"取样"选项后，按住 Alt 键，鼠标光标变为圆形十字图标，单击定下样本的取样点，松开鼠标，在图像中要修复的位置单击并按住鼠标不放，拖曳鼠标复制出取样点的图像；选择"图案"选项后，在"图案"面板中选择预设图案或自定义图案来填充图像。

**图 2-70**

对齐：勾选此选项，下一次的复制位置会和上次的完全重合，图像不会因为重新复制而出现错位。

"修复画笔"工具可以将取样点的像素信息非常自然地复制到图像的破损位置，并保留图像的亮度、饱和度、纹理等属性。使用"修复画笔"工具修复照片的过程如图 2-71、图 2-72、图 2-73 所示。

图 2-71　　　　　　　　　图 2-72　　　　　　　　　图 2-73

### 2. 污点修复画笔工具

污点修复画笔工具的工作方式与修复画笔工具相似，都是使用图像中的样本像素进行绘画，并将样本像素的纹理、光照、透明度和阴影与所要修复的像素相匹配。污点修复画笔工具不需要设定样本点，它会自动从所修复区域的周围取样。

选择"污点修复画笔"工具，或反复按 Shift+J 组合键，属性栏如图 2-74 所示。

**图 2-74**

原始图像如图 2-75 所示。选择"污点修复画笔"工具，在"污点修复画笔"工具属性栏中，如图 2-76 所示进行设定。在要修复的污点图像上拖曳鼠标，如图 2-77 所示。松开鼠标，污点被去除，效果如图 2-78 所示。

图 2-75

图 2-76

图 2-77 　　　　　　　　　　图 2-78

### 2.2.3　修补工具

使用修补工具可以用图像中的其他区域来修补当前选中的需要修补的区域，也可以使用图案来进行修补。选择"修补"工具 ，或反复按 Shift+J 组合键，其属性栏如图 2-79 所示。

图 2-79

新选区 ：去除旧选区，绘制新选区。

添加到选区 ：在原有选区的上面再增加新的选区。

从选区减去 ：在原有选区上减去新选区的部分。

与选区交叉 ：选择新旧选区重叠的部分。

用"修补"工具 圈选图像中的球，如图 2-80 所示。选择修补工具属性栏中的"源"选项，在选区中单击并按住鼠标不放，移动鼠标将选区中的图像拖曳到需要的位置，如图 2-81 所示。松开鼠标，选区中的球被新选取的图像所修补，效果如图 2-82 所示。按 Ctrl+D 组合键，取消选区，修补的效果如图 2-83 所示。

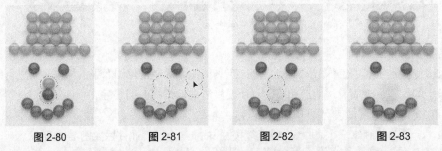

图 2-80　　　　　　图 2-81　　　　　　图 2-82　　　　　　图 2-83

选择修补工具属性栏中的"目标"选项，用"修补"工具 圈选图像中的区域，如图 2-84 所示。再将选区拖曳到要修补的图像区域，如图 2-85 所示，第一次选中的图像修补了球的位置，如图 2-86 所示。按 Ctrl+D 组合键，取消选区，修补效果如图 2-87 所示。

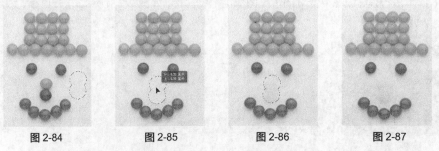

图 2-84　　　　　　图 2-85　　　　　　图 2-86　　　　　　图 2-87

### 2.2.4　课堂案例——用修补工具复制人像

**案例学习目标**

学习使用修补工具复制图像。

**案例知识要点**

使用修补工具对图像的特定区域进行修补。用修补工具复制人像效果如图 2-88 所示。

图 2-88

**效果所在位置**

云盘/Ch02/效果/用修补工具复制人像.psd。

（1）按 Ctrl+O 组合键，打开云盘中的"Ch02 > 素材 > 用修补工具复制人像 > 01"文件，如图 2-89 所示。

（2）将"背景"图层拖曳到"图层"控制面板下方的"创建新图层"按钮 上进行复制，生成新的图层"背景 拷贝"，如图 2-90 所示。

图 2-89

图 2-90

（3）选择"修补"工具 ，在图片中需要复制的区域绘制一个选区，如图 2-91 所示，在选区中单击并按住鼠标左键不放，移动鼠标将选区拖曳到需要的位置，如图 2-93 所示，松开鼠标，选区中需要修复的位置被新放置的选区位置的图像所修补，按 Ctrl+D 组合键，取消选区，效果如图 2-93 所示。

图 2-91

图 2-92

图 2-93

### 2.2.5　红眼工具

使用红眼工具可去除拍照时因闪光灯原因造成的人物照片中的红眼，也可以去除因同样原因造成的照片中的白色或绿色反光。

选择"红眼"工具 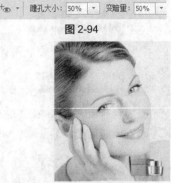 ，或反复按 Shift+J 组合键，其属性栏如图 2-94 所示。

瞳孔大小：用于设置瞳孔的大小。

变暗量：用于设置瞳孔的暗度。

图 2-94

### 2.2.6 课堂案例——修复红眼

📔 **案例学习目标**

学习使用红眼工具修复红眼。

📔 **案例知识要点**

使用缩放工具放大人物眼部；使用红眼工具修复红眼；使用垂直翻转命令和添加图层蒙版按钮制作图片倒影。修复红眼效果如图 2-95 所示。

图 2-95

📔 **效果所在位置**

云盘/Ch02/效果/修复红眼.psd。

（1）按 Ctrl+O 组合键，打开云盘中的"Ch02 > 素材 > 修复红眼 > 01"文件，如图 2-96 所示。选择"缩放"工具 🔍，将图片放大到适当的大小。将前景色设为黑色。选择"红眼"工具 👁，在属性栏中将"瞳孔大小"选项设为 100%，"变暗量"选项设为 20%，如图 2-97 所示。在人物左、右眼的红眼部分单击鼠标，效果如图 2-98 所示。

图 2-96          图 2-97          图 2-98

（2）按 Ctrl + O 组合键，打开云盘中的"Ch02 > 素材 > 修复红眼 > 02"文件。选择"移动"工具 ➕，将 02 图片拖曳到图像窗口的适当位置，并调整其大小，效果如图 2-99 所示，在"图层"控制面板中生成新图层并将其命名为"化妆品"。

（3）按 Ctrl+J 组合键，在"图层"控制面板中生成新的拷贝图层，并将其拖曳到"化妆品"图层下方。按 Ctrl+T 组合键，在图像周围出现变换框，单击鼠标右键，在弹出的菜单中选择"垂直翻转"命令，翻转图像并将其拖曳到适当位置，按 Enter 键确认操作，效果如图 2-100 所示。

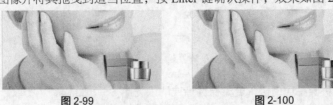

图 2-99          图 2-100

（4）在"图层"控制面板上方，将"化妆品 拷贝"图层的"不透明度"选项设为 30%，如图 2-101 所示，效果如图 2-102 所示。

图 2-101　　　　　　　　图 2-102

（5）单击"图层"控制面板下方的"添加图层蒙版"按钮，为"化妆品 拷贝"图层添加蒙版。选择"画笔"工具，在属性栏中单击"画笔"选项右侧的按钮，在弹出的面板中选择需要的画笔形状，将"大小"选项设为 50 像素，如图 2-103 所示。在图像窗口中拖曳鼠标擦除不需要的图像，效果如图 2-104 所示。

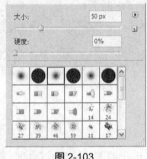

图 2-103　　　　　　　　图 2-104

### 2.2.7　模糊和锐化工具

模糊工具用于使图像产生模糊的效果；锐化工具用于使图像产生锐化的效果。

#### 1．模糊工具

选择"模糊"工具，其属性栏如图 2-105 所示。

图 2-105

画笔预设：用于选择画笔的形状。

模式：用于设定模式。

强度：用于设定压力的大小。

对所有图层取样：用于确定模糊工具是否对所有可见层起作用。

选择"模糊"工具，在模糊工具属性栏中，如图 2-106 所示进行设定。在图像中单击并按住鼠标不放，拖曳鼠标使图像产生模糊的效果。原图像和模糊后的图像效果如图 2-107、图 2-108 所示。

#### 2．锐化工具

选择"锐化"工具，属性栏如图 2-109 所示，内容与模糊工具属性栏的选项内容类似。

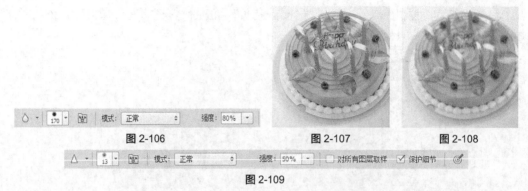

图 2-106　　　　　　　　　图 2-107　　　　　　　　　图 2-108

图 2-109

选择"锐化"工具 △ ，在锐化工具属性栏中，如图 2-110 所示进行设定。在图像中的心形礼盒上单击并按住鼠标不放，拖曳鼠标使心形礼盒图像产生锐化的效果。原图像和锐化后的图像效果如图 2-111、图 2-112 所示。

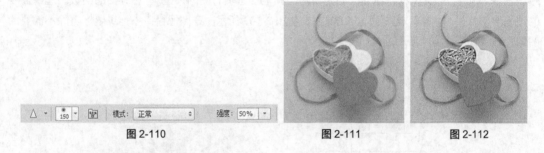

图 2-110　　　　　　　　　图 2-111　　　　　　　　　图 2-112

### 2.2.8　加深和减淡工具

加深工具用于使图像产生加深的效果；减淡工具用于使图像产生减淡的效果。

#### 1．加深工具

选择"加深"工具 ⊙ ，或反复按 Shift+O 组合键，其属性栏如图 2-113 所示。

图 2-113

选择"加深"工具 ⊙ ，在加深工具属性栏中，按照如图 2-114 所示进行设定。在图像中彩蛋部分单击并按住鼠标不放，拖曳鼠标使彩蛋图像产生加深的效果。原图像和加深后的图像效果如图 2-115、图 2-116 所示。

图 2-114　　　　　　　　　图 2-115　　　　　　　　　图 2-116

#### 2．减淡工具

选择"减淡"工具 ⊙ ，或反复按 Shift+O 组合键，其属性栏如图 2-117 所示。

图 2-117

画笔预设：用于选择画笔的形状和大小。

范围：用于设定图像中所要提高亮度的区域。

曝光度：用于设定曝光的强度。

选择"减淡"工具 , 在减淡工具属性栏中, 如图 2-118 所示进行设定。在图像中西瓜部分单击并按住鼠标不放, 拖曳鼠标使西瓜图像产生减淡的效果。原图像和减淡后的图像效果如图 2-119、图 2-120 所示。

图 2-118          图 2-119          图 2-120

### 2.2.9 橡皮擦工具

借助橡皮擦工具可以用背景色擦除背景图像或用透明色擦除图层中的图像。选择"橡皮擦"工具 , 或反复按 Shift+E 组合键, 其属性栏如图 2-121 所示。

图 2-121

画笔预设：用于选择橡皮擦的形状和大小。

模式：用于选择擦除的笔触方式。

不透明度：用于设定不透明度。

流量：用于设定扩散的速度。

抹到历史记录：勾选此选项, 则以"历史"控制面板中确定的图像状态来擦除图像。

选择"橡皮擦"工具 , 在图像中单击并按住鼠标拖曳, 可以擦除图像。用背景色的白色擦除图像后的效果如图 2-122 所示；用透明色擦除图像后的效果如图 2-123 所示。

图 2-122          图 2-123

### 2.2.10 课堂案例——美白牙齿

📋 **案例学习目标**

学习使用减淡工具美白牙齿。

📒 **案例知识要点**

使用钢笔工具勾出人物牙齿；使用减淡工具美白人物牙齿。美白牙齿
效果如图 2-124 所示。

📒 **效果所在位置**

图 2-124

云盘/Ch02/效果/美白牙齿.psd。

（1）按 Ctrl+O 组合键，打开云盘中的"Ch02 > 素材 > 美白牙齿 > 01"
文件，效果如图 2-125 所示。选择"缩放"工具 🔍，将图片放大到合适大
小。选择"钢笔"工具 🖊，在图像窗口中沿着人物牙齿的边缘绘制一个封
闭的路径，如图 2-126 所示。

图 2-125

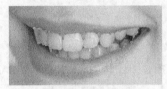

图 2-126

（2）按 Ctrl+Enter 组合键，将路径转换为选区，如图 2-127 所示。选择"减淡"工具 🔍，在属
性栏中选择需要的画笔形状，单击"范围"选项右侧的按钮，在弹出的下拉列表中选择"中间调"，
将"曝光度"选项设为 50%，如图 2-128 所示。

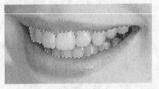

图 2-127

图 2-128

（3）用鼠标在选区中进行涂抹将牙齿的颜色变浅，按 Ctrl+D 组合键，取消选区，效果如图 2-129
所示。美白牙齿效果制作完成，效果如图 2-130 所示。

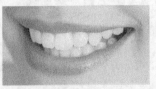

图 2-129

图 2-130

## 2.3　编辑图像

Photoshop 提供了调整图像尺寸，移动、复制和删除图像，裁剪图像，变换图像等图像的基础编辑方法，可以快速对图像进行适当的编辑和调整。

### 2.3.1　图像和画布尺寸的调整

根据制作过程中不同的需求，可以随时调整图像与画布的尺寸。

**1. 图像尺寸的调整**

打开一张图像，选择"图像 > 图像大小"命令，弹出"图像大小"对话框，如图 2-131 所示。

图像大小：通过改变"宽度"、"高度"和"分辨率"选项的数值，改变图像的文档大小，图像的尺寸也相应改变。缩放样式✿：勾选此选项后，若在图像操作中添加了图层样式，可以在调整图像大小时自动缩放样式大小。

尺寸：显示沿图像的宽度和高度的总像素数。单击尺寸右侧的按钮▾，可以改变计量单位。

调整为：可以选取预设以调整图像大小。

约束比例⬚：选中"宽度"和"高度"选项左侧的锁链标志⬚，表示改变其中一项设置时，第二项会成比例地同时改变。

分辨率：是指位图图像中的细节精细度，计量单位是像素/英寸（ppi），每英寸的像素越多，分辨率越高。

重新采样：不勾选此复选框，尺寸的数值将不会改变，"宽度"、"高度"和"分辨率"选项右侧将出现锁链标志⬚，改变数值时，3 项会同时改变，如图 2-132 所示。

图 2-131　　　　　　　　　　　　　　　　　　图 2-132

在"图像大小"对话框中可以改变选项数值的计量单位，在选项右侧的下拉列表中进行选择，如图 2-133 所示。单击"调整为"选项右侧的按钮▾，在弹出的下拉菜单中选择"自动分辨率"命令，弹出"自动分辨率"对话框，系统将自动调整图像的分辨率和品质效果，如图 2-134 所示。

图 2-133　　　　　　　　　　　　　　　　　　图 2-134

### 2. 画布尺寸的调整

图像画布尺寸的大小是指当前图像周围的工作空间的大小。选择"图像 > 画布大小"命令，弹出"画布大小"对话框，如图 2-135 所示。

当前大小：显示的是当前文件的大小和尺寸。

新建大小：用于重新设定图像画布的大小。

定位：调整图像在新画布中的位置，可偏左、居中或在右上角等，如图 2-136 所示。

图 2-135

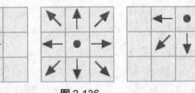

图 2-136

画布扩展颜色：在此选项的下拉列表中可以选择填充图像周围扩展部分的颜色，可以选择前景色、背景色或 Photoshop CC 中的默认颜色，也可以自己调整所需颜色。

### 2.3.2 图像的复制和删除

在编辑图像的过程中，可以对图像进行复制或删除的操作，以便于提高速度、节省时间。

### 1. 图像的复制

要想在操作过程中随时按需要复制图像，就必须掌握复制图像的方法。在复制图像前，要选择需要复制的图像区域，如果不选择图像区域，就不能复制图像。

使用移动工具复制图像：使用"魔棒"工具 选中要复制的图像区域，如图 2-137 所示。选择"移动"工具 ，将鼠标放在选区中，鼠标光标变为 图标，如图 2-138 所示，按住 Alt 键，鼠标光标变为 图标，如图 2-139 所示，单击鼠标并按住不放，拖曳选区中的图像到适当的位置，松开鼠标和 Alt 键，图像复制完成，效果如图 2-140 所示。

图 2-137　　　　图 2-138　　　　图 2-139　　　　图 2-140

使用菜单命令复制图像：使用"快速选择"工具 选中要复制的图像区域，如图 2-141 所示。

选择"编辑 > 拷贝"命令或按 Ctrl+C 组合键，将选区中的图像复制。这时屏幕上的图像并没有变化，但系统已将拷贝的图像复制到剪贴板中。

选择"编辑 > 粘贴"命令或按 Ctrl+V 组合键，将剪贴板中的图像粘贴在图像的新图层中，复制的图像在原图的上方，如图 2-142 所示。使用"移动"工具 可以移动复制出的图像，效果如图 2-143 所示。

图 2-141　　　　　　　　图 2-142　　　　　　　　图 2-143

使用快捷键复制图像：使用"快速选择"工具 选中要复制的图像区域，如图 2-144 所示。按住 Ctrl+Alt 组合键，鼠标光标变为 图标，如图 2-145 所示。单击鼠标并按住不放，拖曳选区中的图像到适当的位置，松开鼠标，图像复制完成，效果如图 2-146 所示。

图 2-144　　　　　　　　图 2-145　　　　　　　　图 2-146

### 2．图像的删除

在删除图像前，需要选择要删除的图像区域，如果不选择图像区域，将不能删除图像。

在需要删除的图像上绘制选区，如图 2-147 所示。选择"编辑 > 清除"命令，将选区中的图像删除。按 Ctrl+D 组合键，取消选区，效果如图 2-148 所示。

图 2-147　　　　　　　　图 2-148

**提示**　　删除后的图像区域由背景色填充。如果在某一图层中，删除后的图像区域将显示下面一层的图像。

在需要删除的图像上绘制选区，按 Delete 键或 Backspace 键，可以将选区中的图像删除。按 Alt+Delete 组合键或 Alt+Backspace 组合键，也可将选区中的图像删除，但删除后的图像区域由前景色填充。

### 2.3.3　移动工具

使用移动工具可以将选区或图层移动到同一图像的新位置或其他图像中。

#### 1．移动工具的选项

选择"移动"工具，其属性栏如图 2-149 所示。

图 2-149

自动选择：在其下拉列表中选择"组"时，可直接选中所单击的非透明图像所在的图层组；在其下拉列表中选择"图层"时，用鼠标在图像上点击，即可直接选中指针所指的非透明图像所在的图层。

显示变换控件：勾选此选项，可在选中对象的周围显示变换框，如图 2-150 所示，单击变换框上的任意控制点，属性栏如图 2-151 所示。

图 2-150　　　　　　　　　　　　　　　　　　　图 2-151

对齐按钮：选中"顶对齐"按钮、"垂直居中对齐"按钮、"底对齐"按钮、"左对齐"按钮、"水平居中对齐"按钮、"右对齐"按钮，可在图像中对齐选区或图层。

同时选中 4 个图层中的图形，在移动工具属性栏中勾选"显示变换控件"选项，图形的边缘显示变换框，如图 2-152 所示。单击属性栏中的"垂直居中对齐"按钮，图形的对齐效果如图 2-153 所示。

分布按钮：选中"按顶分布"按钮、"垂直居中分布"按钮、"按底分布"按钮、"按左分布"按钮、"水平居中分布"按钮、"按右分布"按钮，可以在图像中分布图层。

同时选中 4 个图层中的图形，在移动工具属性栏中勾选"显示变换控件"选项，图形的边缘显示变换框，单击属性栏中的"水平居中分布"按钮，图形的分布效果如图 2-154 所示。

图 2-152　　　　　　　　　　图 2-153　　　　　　　　　　图 2-154

#### 2．移动图像

原始图像效果如图 2-155 所示。选择"移动"工具，在属性栏中将"自动选择"选项设为"图层"。用鼠标选中吉他图形，吉他图形所在图层被选中，将吉他图形向下拖曳，效果如图 2-156 所示。

图 2-155　　　　　　　　　　图 2-156

打开一幅心形图像，将心形图形向鞋图像中拖曳，鼠标光标变为图标，如图 2-157 所示，松开鼠标，心形图形被移动到鞋图像中，效果如图 2-158 所示。

图 2-157　　　　　　　　　　图 2-158

**提 示**

背景图层是不可移动的。

### 2.3.4　裁剪工具和透视裁剪工具

使用裁剪工具可以在图像或图层中剪裁所选定的区域。而在拍摄高大的建筑时，由于视角较低，竖直的线条会向消失点集中，从而产生透视畸变，透视裁剪工具能够较好地解决这个问题。

#### 1．裁剪工具

选择"裁剪"工具，或按 C 键，其属性栏如图 2-159 所示。

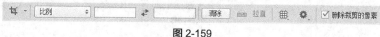

图 2-159

在裁剪工具属性栏中，单击"比例"选项右侧的按钮，弹出其下拉菜单如图 2-160 所示。

选择"不受约束"选项可以自由调整裁剪框的大小；选择"原始比例"选项可以保持图像原始的长宽比例调整裁切框；选择"预设长宽比"选项则可以使用 Photoshop 提供的预设长宽比，如果要自定义长宽比，则可在选项右侧的文本框中输入长度和宽度值；选择"大小和分辨率"选项可以设置图像的宽度、高度和分辨率，这样可按照设置的尺寸裁剪图像；选择"存储/删除预设"选项可将当前创建的长宽比保存或删除。

单击工具属性栏中的"设置其他裁剪选项"按钮 ⚙，弹出其下拉菜单，如图 2-161 所示。

选择"使用经典模式"选项可以使用 Photoshop CC 以前版本的裁剪工具模式来编辑图像。"启用裁剪屏蔽"选项用于设置裁剪框外的区域颜色和不透明度。

图 2-160　　　　　　　　图 2-161

"删除裁剪像素"选项用于删除被裁剪的图像。

使用裁剪工具裁剪图像：打开一幅图像，选择"裁剪"工具 ⌀，在图像中单击并按住鼠标左键，拖曳鼠标到适当的位置，松开鼠标，绘制出矩形裁剪框，效果如图 2-162 所示。在矩形裁剪框内双击或按 Enter 键，都可以完成图像的裁剪，效果如图 2-163 所示。

使用菜单命令裁剪图像：使用"矩形选框"工具 ⬚，在图像中绘制出要裁剪的图像区域，效果如图 2-164 所示。选择"图像 > 裁剪"命令，图像按选区进行裁剪。按 Ctrl+D 组合键，取消选区，效果如图 2-165 所示。

图 2-162　　　　　　图 2-163　　　　　　图 2-164　　　　　　图 2-165

### 2. 透视裁剪工具

选择"透视裁剪"工具 ▦，或反复按 Shift+C 组合键，其属性栏如图 2-166 所示。

图 2-166

"W/H"选项可以用于设置图像的宽度和高度；单击"高度和宽度互换"按钮 ⇄ 可以互换高度和宽度数值。"分辨率"选项可以用于设置图像的分辨率。选择"前面的图像"按钮可在宽度、高度和分辨率文本框中显示当前文档的尺寸和分辨率；如果同时打开两个文档，则会显示另外一个文档的尺寸和分辨率。"清除"按钮可用于清除宽度、高度和分辨率文本框中的数值。勾选"显示网格"选项可以显示网格线，取消勾选则隐藏网格线。

打开一幅图片，如图 2-167 所示，可以观察到两侧的建筑向中间倾斜，这是透视畸变的明显特征。选择"透视裁剪"工具 ，在图像窗口中单击并拖曳鼠标，绘制矩形裁剪框，如图 2-168 所示。

图 2-167　　　　　　　　　　　　　　图 2-168

将光标放置在裁剪框左上角的控制点上，按 Shift 键同时，向右侧拖曳控制节点。使用同样方法，按住右上角的控制节点向左拖曳，这样可以使顶部的两个边角和建筑的边缘保持平行，如图 2-169 所示。单击工具属性栏中的 ☑ 按钮或按 Enter 键，即可裁剪图像，效果如图 2-170 所示。

图 2-169　　　　　　　　　　　　　　图 2-170

### 2.3.5　选区中图像的变换

在操作过程中，可以根据设计和制作需要变换已经绘制好的选区。使用命令对选区进行变换的方法是：在图像中绘制选区后，选择"编辑 > 自由变换 / 变换"命令，可以对图像的选区进行各种变换。"变换"命令的下拉菜单及对应的效果如图 2-171 所示。

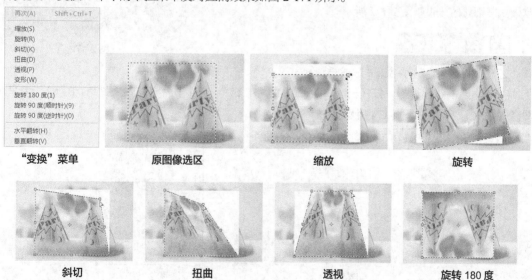

图 2-171

旋转 90 度（顺时针）

旋转 90 度（逆时针）

水平翻转

垂直翻转

图 2-171（续）

使用工具对选区进行变换的方法是：在图像中绘制选区，按 Ctrl+T 组合键，选区周围出现控制手柄，拖曳控制手柄，可以对图像选区进行自由的缩放。按住 Shift 键的同时，拖曳控制手柄，可以等比例缩放图像选区。按住 Ctrl 键的同时，任意拖曳变换框的 4 个控制手柄，可以使图像任意变形。按住 Alt 键的同时，任意拖曳变换框的 4 个控制手柄，可以使图像对称变形。按住 Ctrl+Shift 组合键，拖曳变换框中间的控制手柄，可以使图像斜切变形。按住 Ctrl+Shift+Alt 组合键，任意拖曳变换框的 4 个控制手柄，可以使图像透视变形。按住 Shift+Ctrl+T 组合键，可以再次应用上一次使用过的变换命令。

如果在变换后仍要保留原图像的内容，可以按 Ctrl+Alt+T 组合键，选区周围出现控制手柄，向选区外拖曳选区中的图像，会复制出新的图像，原图像的内容将被保留。

### 2.3.6 课堂案例——制作书籍立体效果图

📒 **案例学习目标**

通过使用图像的变换命令和渐变工具制作包装立体图。

📒 **案例知识要点**

使用扭曲命令扭曲变形图形，使用渐变工具为图像添加渐变效果。书籍立体效果如图 2-172 所示。

图 2-172

📒 **效果所在位置**

云盘/Ch02/效果/制作书籍立体效果图.psd。

（1）按 Ctrl+O 组合键，打开云盘中的"Ch02 > 素材 > 制作书籍立体效果图 > 01、02"文件，图像效果如图 2-173 和图 2-174 所示。

图 2-173

图 2-174

（2）选择"矩形选框"工具，在图像窗口中绘制选区，如图 2-175 所示。选择"移动"工具，将选区中的图像拖曳到 01 图像窗口中，效果如图 2-176 所示，在"图层"控制面板中生成"图层 1"。

图 2-175                       图 2-176

（3）按 Ctrl+T 组合键，在图像周围出现变换框，按住 Alt+Shift 组合键的同时，拖曳右上角的控制手柄等比例缩小图形，如图 2-177 所示。在变换框中单击鼠标右键，在弹出的菜单中选择"扭曲"命令，分别拖曳右上角和右下角的控制手柄到适当的位置，按 Enter 键确认操作，效果如图 2-178 所示。

图 2-177                       图 2-178

（4）选择"矩形选框"工具，在图像窗口中绘制选区，如图 2-179 所示。选择"移动"工具，将选区中的图像拖曳到 01 图像窗口中，如图 2-180 所示，在"图层"控制面板中生成"图层 2"。

（5）按 Ctrl+T 组合键，在图像周围出现变换框，等比例缩小图形并拖曳左上角和左下角的控制手柄扭曲图形，按 Enter 键确认操作，效果如图 2-181 所示。

图 2-179               图 2-180               图 2-181

（6）按住 Ctrl 键的同时，单击"图层 2"图层的缩览图，在图形周围生成选区，如图 2-182 所示。新建图层生成"图层 3"。选择"渐变"工具，单击属性栏中的"点按可编辑渐变"按钮，弹出"渐变编辑器"对话框，在"预设"选项组中选择"前景色到背景色渐变"选项，如图 2-183 所示，单击"确定"按钮。选中属性栏中的"线性渐变"按钮，按住 Shift 键的同时，在图像窗口中从下至上拖曳渐变色，效果如图 2-184 所示。按 Ctrl+D 组合键，取消选区。

图 2-182

图 2-183

图 2-184

（7）在"图层"控制面板上方将"图层 3"图层的"不透明度"选项设为 30%，如图 2-185 所示，图像效果如图 2-186 所示。按住 Shift 键的同时，选中"图层 1"，再将"图层 1"、"图层 2"和"图层 3"同时选取，按 Ctrl+E 组合键，合并图层并将其命名为"封面"，如图 2-187 所示。

图 2-185

图 2-186

图 2-187

（8）单击"图层"控制面板下方的"添加图层样式"按钮 fx，在弹出的菜单中选择"投影"命令，在弹出的对话框中进行设置，如图 2-188 所示，单击"确定"按钮，效果如图 2-189 所示。

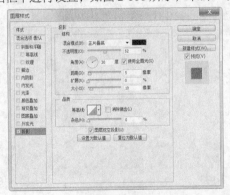
图 2-188

图 2-189

（9）选择"移动"工具，按住 Alt 键的同时，拖曳图形到适当的位置，复制图形，如图 2-190

所示。按 Ctrl+T 组合键，在图像周围生成变换框，拖曳控制手柄调整图形的大小及位置，按 Enter 键确认操作，效果如图 2-191 所示。用相同的方法复制封面图形并调整其大小和位置，如图 2-192 所示。

图 2-190　　　　　　　　　　图 2-191　　　　　　　　　　图 2-192

（10）将前景色设为红色（其 R、G、B 的值分别为 214、5、65）。选择"横排文字"工具 T，在页面中输入需要的文字，按 Ctrl+T 组合键，弹出"字符"面板，设置如图 2-193 所示，按 Enter 键确认操作，效果如图 2-194 所示，在"图层"控制面板中分别生成新的文字图层。

图 2-193　　　　　　　　　　　　　图 2-194

（11）单击"图层"控制面板下方的"添加图层样式"按钮 fx，在弹出的菜单中选择"投影"命令，在弹出的对话框中进行设置，如图 2-195 所示；选择"描边"选项，弹出相应的对话框，选项的设置如图 2-196 所示，单击"确定"按钮，效果如图 2-197 所示。

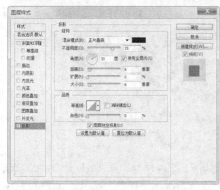

图 2-195　　　　　　　　　　图 2-196　　　　　　　　　　图 2-197

（12）选择"文字 > 栅格化文字图层"命令，图层效果如图 2-198 所示。按 Ctrl+T 组合键，在图像周围出现变换框，在变换框中单击鼠标右键，在弹出的菜单中选择"扭曲"命令，拖曳右上角和右下角的控制手柄到适当的位置，按 Enter 键确认操作，效果如图 2-199 所示。

图 2-198

图 2-199

（13）将前景色设为黑色。选择"横排文字"工具 T，在页面中输入需要的文字，按 Ctrl+T 组合键，弹出"字符"面板，设置如图 2-200 所示，按 Enter 键确认操作，效果如图 2-201 所示，在"图层"控制面板中分别生成新的文字图层。

图 2-200

图 2-201

（14）单击"图层"控制面板下方的"添加图层样式"按钮 fx，在弹出的菜单中选择"描边"命令，在弹出的对话框中进行设置，如图 2-202 所示，单击"确定"按钮，效果如图 2-203 所示。

图 2-202

图 2-203

（15）选择"文字 > 栅格化文字图层"命令，图层效果如图 2-204 所示。按 Ctrl+T 组合键，在图像周围出现变换框，在变换框中单击鼠标右键，在弹出的菜单中选择"扭曲"命令，拖曳右上角和右下角的控制手柄到适当的位置，按 Enter 键确认操作，效果如图 2-205 所示。书籍立体效果图制作完成。

图 2-204

图 2-205

# 课堂练习——制作空中楼阁

### 📖 练习知识要点

使用魔棒工具抠出山脉；使用矩形选框工具和渐变工具添加山脉图像的颜色；使用自由钢笔工具抠出建筑物图像；使用磁性套索工具抠出云彩图像；使用橡皮擦工具制作云彩图像虚化效果。空中楼阁效果如图 2-206 所示。

### 📖 效果所在位置

云盘/Ch02/效果/制作空中楼阁.psd。

图 2-206

# 课后习题——修复照片

### 📖 习题知识要点

使用历史记录画笔工具和仿制图章工具去除划痕；使用高斯模糊命令制作人物模糊效果；使用色阶命令和色相/饱和度命令调整人物颜色。修复照片效果如图 2-207 所示。

### 📖 效果所在位置

云盘/Ch02/效果/修复照片.psd。

图 2-207

# 第 3 章　路径与图形

本章主要介绍路径和图形的绘制方法及应用技巧。通过本章的学习，可以快速地绘制所需路径，并对路径进行修改和编辑；还可应用绘图工具绘制出系统自带的图形，提高图像制作的效率。

**课堂学习目标**

/ 了解路径的概念
/ 掌握钢笔工具的使用方法
/ 掌握编辑路径的方法和技巧
/ 掌握绘图工具的使用方法

## 3.1　路径概述

路径是基于贝塞尔曲线建立的矢量图形。使用路径可以进行复杂图像的选取，还可以存储选取区域以备再次使用，更可以绘制线条平滑的优美图形。和路径相关的概念有：锚点、直线点、曲线点、直线段、曲线段、端点，如图 3-1 所示。

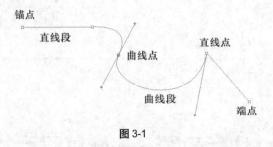

图 3-1

锚点：由钢笔工具创建，是一个路径中两条线段的交点，路径是由锚点组成的。

直线点：按住 Alt 键并单击刚建立的锚点，可以将锚点转换为带有一个独立调节手柄的直线点。直线点是一条直线段与一条曲线段的连接点。

曲线点：曲线点是带有两个独立调节手柄的锚点，曲线点是两条曲线段之间的连接点，调节手柄可以改变曲线的弧度。

直线段：用钢笔工具在图像中单击两个不同的位置，将在两点之间创建一条直线段。

曲线段：拖曳曲线点可以创建一条曲线段。

端点：路径的结束点就是路径的端点。

## 3.2　钢笔工具

钢笔工具用于抠出复杂的图像，还可以用于绘制各种路径图形。

### 3.2.1　钢笔工具的选项

钢笔工具用于绘制路径。选择"钢笔"工具 ⬙，或反复按 Shift+P 组合键，其属性栏如图 3-2 所示。

图 3-2

与钢笔工具相配合的功能键如下。

按住 Shift 键创建锚点时，将强迫系统以 45 度角或 45 度角的倍数绘制路径。

按住 Alt 键，当"钢笔"工具 ⬙ 移到锚点上时，暂时将"钢笔"工具 ⬙ 转换为"转换点"工具 ⬦。

按住 Ctrl 键，暂时将"钢笔"工具 ⬙ 转换成"直接选择"工具 ⬦。

### 3.2.2　课堂案例——制作涂鸦效果

📋 **案例学习目标**

学习使用钢笔工具勾出人物图形。

📋 **案例知识要点**

使用水平旋转画布命令将背景图像水平翻转；使用标尺工具矫正图片的角度；使用钢笔工具勾出人物图形；使用画笔工具绘制装饰图形。涂鸦效果如图 3-3 所示。

📋 **效果所在位置**

图 3-3

云盘/Ch03/效果/制作涂鸦效果.psd。

#### 1. 抠出人物图片

（1）按 Ctrl+O 组合键，打开云盘中的"Ch03 > 素材 > 制作涂鸦效果 > 01"文件，效果如图 3-4 所示。选择"图像 > 图像旋转 > 水平翻转画布"命令，将图像水平翻转，效果如图 3-5 所示。

图 3-4　　　　　　　　　图 3-5

（2）按 Ctrl+O 组合键，打开云盘中的"Ch03 > 素材 > 制作涂鸦效果 > 02"文件，效果如图 3-6 所示。选择"标尺"工具 ▭，在人物图像的下方从左至右下方拖曳标尺，如图 3-7 所示。选择

"图像 > 图像旋转 > 任意角度"命令，在弹出的对话框中进行设置，如图 3-8 所示。单击"确定"按钮，效果如图 3-9 所示。

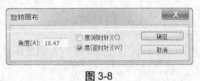

图 3-6          图 3-7          图 3-8          图 3-9

（3）选择"钢笔"工具 ，在人物图像的边缘勾出路径，如图 3-10 所示。按 Ctrl+Enter 组合键，将路径转换为选区，效果如图 3-11 所示。按 Shift+F6 组合键，在弹出的"羽化选区"对话框中进行设置，如图 3-12 所示，单击"确定"按钮，将选区羽化，效果如图 3-13 所示。

图 3-10          图 3-11          图 3-12          图 3-13

（4）选择"移动"工具 ，拖曳选区中的人物到 01 素材的图像窗口中，在"图层"控制面板中生成新的图层并将其命名为"人物"，如图 3-14 所示。按 Ctrl+T 组合键，在人物图像周围出现控制手柄，拖曳控制手柄调整图像的大小，按 Enter 键确认操作，效果如图 3-15 所示。

图 3-14          图 3-15

## 2. 绘制装饰图形

（1）新建图层并将其命名为"飞机"。将前景色设为白色。选择"画笔"工具 ，在属性栏中单击"画笔"选项右侧的按钮 ，在弹出的画笔选择面板中选择需要的画笔形状，如图 3-16 所示。在图像窗口的右上方绘制一个飞机图形，如图 3-17 所示。

（2）选择"矩形选框"工具 ，在飞机图形上绘制一个矩形选区，如图 3-18 所示。

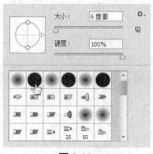
图 3-16

图 3-17

图 3-18

（3）选择"移动"工具 ，按住 Alt 键的同时，拖曳选区中的飞机图形到适当的位置，复制出一个飞机图形，效果如图 3-19 所示。按 Ctrl+D 组合键，取消选区。

（4）新建图层并将其命名为"形状 1"、"风车"、"船"、"小动物"，如图 3-20 所示。选择"画笔"工具，在画笔选择面板中设置适当的画笔大小，分别在相应的图层中绘制出需要的图形，效果如图 3-21 所示。涂鸦效果制作完成。

图 3-19

图 3-20

图 3-21

### 3.2.3　绘制直线段

建立一个新的图像文件，选择"钢笔"工具，在钢笔工具的属性栏中"选择工具模式"选项中选择"路径"，这样使用"钢笔"工具绘制的将是路径。如果选中"形状"，将绘制出形状图层。勾选"自动添加/删除"选项的复选框，钢笔工具的属性栏如图 3-22 所示。

图 3-22

在图像中任意位置单击鼠标，创建一个锚点，将鼠标移动到其他位置再单击，创建第 2 个锚点，两个锚点之间自动以直线进行连接，如图 3-23 所示。再将鼠标移动到其他位置单击，创建第 3 个锚点，而系统将在第 2 个和第 3 个锚点之间生成一条新的直线路径，如图 3-24 所示。

图 3-23

图 3-24

### 3.2.4　绘制曲线

用"钢笔"工具 ，单击建立新的锚点并按住鼠标不放，拖曳鼠标，建立曲线段和曲线点，如图 3-25 所示。松开鼠标，按住 Alt 键的同时，用"钢笔"工具 ，单击刚刚建立的曲线点，如图 3-26 所示，将其转换为直线点，在其他位置再次单击建立下一个锚点，可在曲线段后绘制出直线段，如图 3-27 所示。

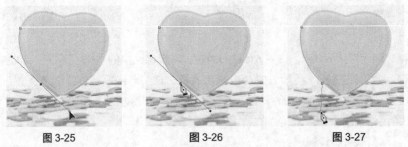

图 3-25　　　　　　　　　　　图 3-26　　　　　　　　　　　图 3-27

## 3.3　编辑路径

可以通过添加锚点、删除锚点，应用转换点工具、路径选择工具、直接选择工具对已有的路径进行修整。

### 3.3.1　添加锚点和删除锚点工具

**1．添加锚点工具**

添加锚点工具用于在路径上添加新的锚点。将"钢笔"工具 ，移动到建立好的路径上，若当前此处没有锚点，则"钢笔"工具 ，转换成"添加锚点"工具 ，如图 3-28 所示，在路径上单击鼠标可以添加一个锚点，效果如图 3-29 所示。

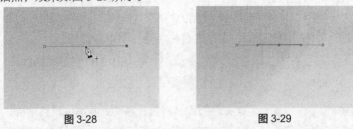

图 3-28　　　　　　　　　　　　　　　　图 3-29

将"钢笔"工具 ，移动到建立好的路径上，若当前此处没有锚点，则"钢笔"工具 ，转换成"添加锚点"工具 ，如图 3-30 所示，单击鼠标添加锚点后按住鼠标不放，向上拖曳鼠标，可以建立曲线段和曲线点，效果如图 3-31 所示。

**提示**

也可以直接选择"添加锚点"工具 来完成添加锚点的操作。

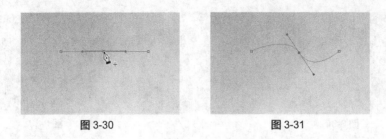

图 3-30　　　　　　　　　　　　　　　图 3-31

#### 2. 删除锚点工具

删除锚点工具用于删除路径上已经存在的锚点。将"钢笔"工具 ⬚ 放到直线路径的锚点上，则"钢笔"工具 ⬚ 转换成"删除锚点"工具 ⬚，如图 3-32 所示，单击锚点将其删除，效果如图 3-33 所示。

图 3-32　　　　　　　　　　　　　　　图 3-33

将"钢笔"工具 ⬚ 放到曲线路径的锚点上，则"钢笔"工具 ⬚ 转换成"删除锚点"工具 ⬚，如图 3-34 所示，单击锚点将其删除，效果如图 3-35 所示。

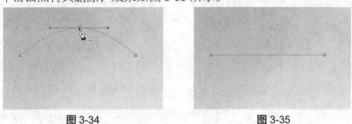

图 3-34　　　　　　　　　　　　　　　图 3-35

### 3.3.2　转换点工具

使用转换点工具单击或拖曳锚点可将其转换成直线点或曲线点，拖曳锚点上的调节手柄可以改变线段的弧度。

与"转换点"工具 ⬚ 相配合的功能键如下。

按住 Shift 键，拖曳其中的一个锚点，将强迫手柄以 45 度角或 45 度角的倍数进行改变。

按住 Alt 键，拖曳手柄，可以任意改变两个调节手柄中的一个，而不影响另一个的位置。

按住 Alt 键，拖曳路径中的线段，可以将路径进行复制。

使用"钢笔"工具 ⬚ 在图像中绘制方形路径，如图 3-36 所示。当要闭合路径时，鼠标光标变为 ⬚ 图标，单击鼠标即可闭合路径，完成方形路径的绘制，如图 3-37 所示。

选择"转换点"工具 ⬚，将鼠标放置在方形左上角的锚点上，如图 3-38 所示，单击锚点并将其向右上方拖曳形成曲线点，如图 3-39 所示。使用相同的方法将方形其他的锚点转换为曲线点，如图 3-40 所示。绘制完成后，圆形路径的效果如图 3-41 所示。

图 3-36          图 3-37          图 3-38

图 3-39          图 3-40          图 3-41

### 3.3.3 路径选择和直接选择工具

**1. 路径选择工具**

路径选择工具用于选择一个或几个路径，并对其进行移动、组合、对齐、分布和变形。选择"路径选择"工具 ，或反复按 Shift+A 组合键，其属性栏如图 3-42 所示。

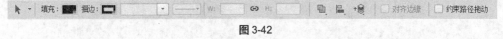

图 3-42

**2. 直接选择工具**

直接选择工具用于移动路径中的锚点或线段，还可以调整手柄和控制点。路径的原始效果如图 3-43 所示，选择"直接选择"工具 ，拖曳路径中的锚点来改变路径的弧度，如图 3-44 所示。

图 3-43          图 3-44

### 3.3.4 填充路径

在图像中创建路径，如图 3-45 所示。单击"路径"控制面板右上方的图标 ，在弹出的菜单中选择"填充路径"命令，弹出"填充路径"对话框，设置如图 3-46 所示。单击"确定"按钮，用前景色填充路径的效果如图 3-47 所示。

内容：用于设定使用的填充颜色或图案。

模式：用于设定混合模式。

不透明度：用于设定填充的不透明度。

保留透明区域：用于保护图像中的透明区域。

羽化半径：用于设定柔化边缘的数值。

消除锯齿：用于清除边缘的锯齿。

单击"路径"控制面板下方的"用前景色填充路径"按钮 ，即可填充路径。按 Alt 键的同时，单击"用前景色填充路径"按钮 ，将弹出"填充路径"对话框。

图 3-45　　　　　　　　　　　图 3-46　　　　　　　　　　　图 3-47

### 3.3.5　描边路径

在图像中创建路径，如图 3-48 所示。单击"路径"控制面板右上方的图标 ，在弹出的菜单中选择"描边路径"命令，弹出"描边路径"对话框，选择"工具"选项下拉列表中的"画笔"工具，如图 3-49 所示，此下拉列表中共有 19 种工具可供选择，如果当前在工具箱中已经选择了"画笔"工具，该工具将自动地设置在此处。另外，在画笔属性栏中设定的画笔类型也将直接影响此处的描边效果。设置好后，单击"确定"按钮，描边路径的效果如图 3-50 所示。

图 3-48　　　　　　　　　　　图 3-49　　　　　　　　　　　图 3-50

**提示**　　如果对路径进行描边时没有取消对路径的选定，则描边路径改为描边子路径，即只对选中的子路径进行勾边。

单击"路径"控制面板下方的"用画笔描边路径"按钮 ，即可描边路径。按 Alt 键的同时，单击"用画笔描边路径"按钮 ，将弹出"描边路径"对话框。

### 3.3.6 课堂案例——制作绿色环保宣传画

📋 **案例学习目标**

学习使用描边路径命令制作描边效果。

📋 **案例知识要点**

使用描边路径命令为路径描边；使用动感模糊命令制作描边的模糊效果；使用混合模式命令制作发光线效果。绿色环保宣传画效果如图 3-51 所示。

📋 **效果所在位置**

图 3-51

云盘/Ch03/效果/制作绿色环保宣传画.psd。

**1. 制作路径描边**

（1）按 Ctrl+O 组合键，打开云盘中的"Ch03 > 素材 > 制作绿色环保宣传画 > 01"文件，如图 3-52 所示。

（2）新建图层并将其命名为"描边"。选择"钢笔"工具 🖊，在属性栏的"选择工具模式"选项中选择"路径"，在图像窗口中绘制一条路径，如图 3-53 所示。将前景色设为白色。选择"画笔"工具 🖌，在属性栏中单击"画笔"选项右侧的按钮，在弹出的画笔选择面板中选择需要的画笔形状，如图 3-54 所示。

  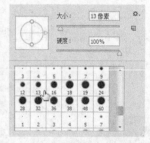

图 3-52　　　　　　图 3-53　　　　　　图 3-54

（3）选择"路径选择"工具 ▶，选取路径。单击鼠标右键，在弹出的菜单中选择"描边路径"命令，弹出"描边路径"对话框，选项的设置如图 3-55 所示。单击"确定"按钮，按 Enter 键，隐藏路径，效果如图 3-56 所示。

图 3-55

图 3-56

**2．制作发光效果**

（1）单击"图层"控制面板下方的"添加图层样式"按钮 ，在弹出的菜单中选择"内发光"命令，弹出"图层样式"对话框，将发光颜色设为草绿色（其 R、G、B 值分别为 185、253、135），其他选项的设置如图 3-57 所示。单击"确定"按钮，效果如图 3-58 所示。

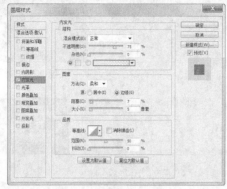

图 3-57　　　　　　　　　　　　　　　　　图 3-58

（2）单击"图层"控制面板下方的"添加图层样式"按钮 ，在弹出的菜单中选择"外发光"命令，弹出"图层样式"对话框，将发光颜色设为苹果绿（其 R、G、B 值分别为 151、251、70），其他选项的设置如图 3-59 所示。单击"确定"按钮，效果如图 3-60 所示。

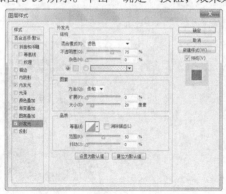

图 3-59　　　　　　　　　　　　　　　　　图 3-60

（3）将"描边"图层拖曳到"图层"控制面板下方的"创建新图层"按钮 上进行复制，生成新的副本图层"描边 拷贝"。将"内发光"图层样式拖曳到"图层"控制面板下方的"删除图层"按钮 上，将其删除，效果如图 3-61 所示。

（4）在"图层"控制面板上方，将"描边 拷贝"图层的"不透明度"选项设为 49%，如图 3-62 所示，效果如图 3-63 所示。

（5）新建图层并将其命名为"描边 2"。选择"钢笔"工具 ，在图像窗口中绘制一条路径，如图 3-64 所示。

（6）将前景色设为白色，选择"路径选择"工具 ，选取路径，单击鼠标右键，在弹出的菜单中选择"描边路径"命令，弹出"描边路径"对话框，选项的设置如图 3-65 所示。单击"确定"按钮，按 Enter 键，隐藏路径，效果如图 3-66 所示。

图 3-61

图 3-62

图 3-63

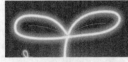

图 3-64

图 3-65

图 3-66

（7）单击"图层"控制面板下方的"添加图层样式"按钮 $fx$，在弹出的菜单中选择"外发光"命令，弹出"图层样式"对话框，将发光颜色设为青绿色（其 R、G、B 值分别为 141、253、50），其他选项的设置如图 3-67 所示，单击"确定"按钮，效果如图 3-68 所示。绿色环保宣传画制作完成。

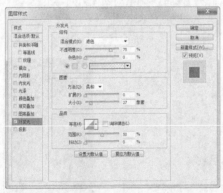

图 3-67

图 3-68

# 3.4　绘图工具

绘图工具包括矩形工具、圆角矩形工具、椭圆工具、多边形工具、直线工具以及自定形状工具，应用这些工具可以绘制出多样的图形。

## 3.4.1　矩形工具

矩形工具用于绘制矩形或正方形。选择"矩形"工具 ，或反复按 Shift+U 组合键，其属性栏如图 3-69 所示。

图 3-69

74

形状 ⌄：用于选择创建路径形状层、创建工作路径或填充区域。

填充：■ 描边：▱ 3点 ▾ ——：用于设置矩形的填充色、描边色、描边宽度和描边类型。

W：0像素 ⟷ H：0像素：用于设置矩形的宽度和高度。

▢，▢，⌐▢：用于设置路径的组合方式、对齐方式和排列方式。

对齐边缘：用于设定边缘是否对齐。

单击 ⚙ 按钮，弹出"矩形选项"面板，如图 3-70 所示。在面板中可以通过各种设置来控制矩形工具所绘制的图形区域，包括："不受约束"、"方形"、"固定大小"、"比例"、"从中心"选项。

图 3-70

原始图像效果如图 3-71 所示。在图像中绘制矩形，效果如图 3-72 所示，"图层"控制面板中的效果如图 3-73 所示。

图 3-71　　　　　　　　图 3-72　　　　　　　　图 3-73

### 3.4.2　圆角矩形工具

圆角矩形工具用于绘制具有平滑边缘的矩形。选择"圆角矩形"工具 ▢，或反复按 Shift+U 组合键，其属性栏如图 3-74 所示。其属性栏中的内容与"矩形"工具属性栏的选项内容类似，只增加了"半径"选项，用于设定圆角矩形的平滑程度，数值越大越平滑。

图 3-74

原始图像效果如图 3-75 所示。将"半径"选项设为 100 像素，在图像中绘制圆角矩形，效果如图 3-76 所示，"图层"控制面板中的效果如图 3-77 所示。

图 3-75　　　　　　　　图 3-76　　　　　　　　图 3-77

### 3.4.3　椭圆工具

椭圆工具用于绘制椭圆或正圆形。选择"椭圆"工具 ，或反复按 Shift+U 组合键，其属性栏如图 3-78 所示。

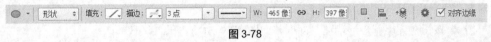

图 3-78

原始图像效果如图 3-79 所示。在图像中绘制椭圆形，效果如图 3-80 所示，"图层"控制面板中的效果如图 3-81 所示。

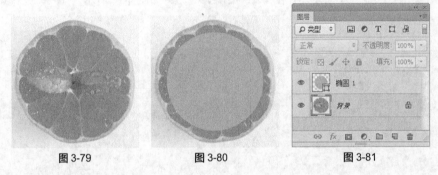

图 3-79　　　　　　　　　图 3-80　　　　　　　　　图 3-81

### 3.4.4　多边形工具

多边形工具用于绘制正多边形。选择"多边形"工具 ，或反复按 Shift+U 组合键，其属性栏如图 3-82 所示。其属性栏中的内容与矩形工具属性栏的选项内容类似，只增加了"边"选项，用于设定多边形的边数。

图 3-82

原始图像效果如图 3-83 所示。单击属性栏中的按钮 ，在弹出的面板中进行设置，如图 3-84 所示，在图像中绘制多边形，效果如图 3-85 所示，"图层"控制面板中的效果如图 3-86 所示。

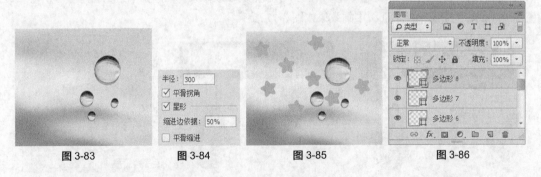

图 3-83　　　　　　　图 3-84　　　　　　　图 3-85　　　　　　　图 3-86

### 3.4.5　直线工具

直线工具可以用来绘制直线或带有箭头的线段。选择"直线"工具 ，或反复按 Shift+U 组合键，其属性栏如图 3-87 所示。其属性栏中的内容与矩形工具属性栏的选项内容类似，只增加了"粗细"选项，用于设定直线的宽度。

单击属性栏中的按钮 ⚙，弹出"箭头"面板，如图 3-88 所示。

图 3-87　　　　　　　　　　　　　　　　　　　　　　　　　　　　图 3-88

起点：用于选择箭头位于线段的始端。终点：用于选择箭头位于线段的末端。宽度：用于设定箭头宽度与线段宽度的比值。长度：用于设定箭头长度与线段长度的比值。凹度：用于设定箭头凹凸的形状。

原图效果如图 3-89 所示，在图像中绘制不同效果的直线，如图 3-90 所示，"图层"控制面板中的效果如图 3-91 所示。

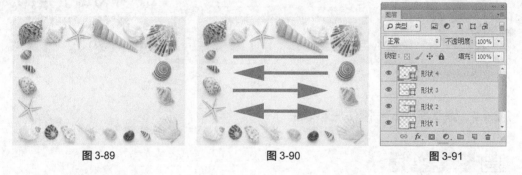

图 3-89　　　　　　　　　　图 3-90　　　　　　　　　　图 3-91

### 3.4.6　自定形状工具

自定形状工具用于绘制自定义的图形。选择"自定形状"工具 🧩，或反复按 Shift+U 组合键，其属性栏如图 3-92 所示。其属性栏中的内容与矩形工具属性栏的选项内容类似，只增加了"形状"选项，用于选择所需的形状。

图 3-92

单击"形状"选项右侧的按钮，弹出如图 3-93 所示的形状面板，面板中存储了可供选择的各种不规则形状。

原始图像效果如图 3-94 所示。在图像中绘制不同的形状图形，效果如图 3-95 所示，"图层"控制面板中的效果如图 3-96 所示。

图 3-93

图 3-94

图 3-95

图 3-96

可以使用定义自定形状命令来制作并定义形状。使用"钢笔"工具 在图像窗口中绘制路径并填充路径，如图 3-97 所示。选择"编辑 > 定义自定形状"命令，弹出"形状名称"对话框，在"名称"选项的文本框中输入自定形状的名称，如图 3-98 所示，单击"确定"按钮，在"形状"选项的面板中将会显示刚才定义好的形状，如图 3-99 所示。

图 3-97

图 3-98

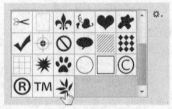

图 3-99

### 3.4.7 课堂案例——制作炫彩效果

📝 案例学习目标

学习使用不同的绘图工具绘制各种图形。

📝 案例知识要点

使用绘图工具绘制插画背景效果；使用椭圆工具和多边形工具绘制标志图形；使用添加图层样式命令制作标志图形效果。炫彩效果如图 3-100 所示。

图 3-100

📝 效果所在位置

云盘/Ch03/效果/制作炫彩效果.psd。

### 1．绘制背景图形

（1）按 Ctrl+O 组合键，打开云盘中的"Ch03 > 素材 >制作炫彩效果 > 01"文件，图像效果如图 3-101 所示。

（2）新建图层并将其命名为"图形 1"。将前景色设为黄色（其 R、G、B 的值分别为 255、255、51）。选择"椭圆"工具 ，在属性栏中的"选择工具模式"选项中选择"像素"选项，按住 Shift 键的同时，在图像窗口中拖曳鼠标绘制圆形，效果如图 3-102 所示。用相同的方法再绘制两个圆形，效果如图 3-103 所示。

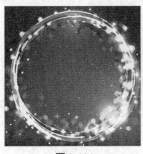
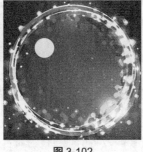
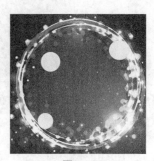

图 3-101　　　　　　　　　图 3-102　　　　　　　　　图 3-103

（3）在"图层"控制面板上方，将"图形 1"图层的"填充"选项设为 80%，如图 3-104 所示，按 Enter 键确认操作，效果如图 3-105 所示。

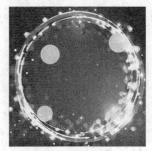

图 3-104　　　　　　　　　　　　　　图 3-105

（4）新建图层并将其命名为"图形 2"。将前景色设为黄绿色（其 R、G、B 的值分别为 204、255、51）。选择"椭圆"工具 ，在属性栏中的"选择工具模式"选项中选择"像素"选项，按住 Shift 键的同时，在图像窗口中拖曳鼠标绘制 3 个圆形，效果如图 3-106 所示。在"图层"控制面板上方，将"图形 2"图层的"填充"选项设为 60%，按 Enter 键确认操作，效果如图 3-107 所示。

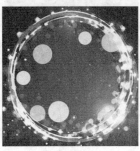
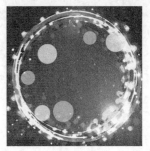

图 3-106　　　　　　　　　　　　　图 3-107

（5）新建图层并将其命名为"图形 3"。将前景色设为蓝紫色（其 R、G、B 的值分别为 204、102、255）。选择"椭圆"工具 ，在属性栏中的"选择工具模式"选项中选择"像素"选项。按住 Shift 键的同时，在图像窗口中拖曳鼠标绘制 3 个圆形，效果如图 3-108 所示。在"图层"控制面板上方，将"图形 3"图层的"填充"选项设为 70%，按 Enter 键确认操作，效果如图 3-109 所示。

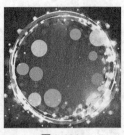 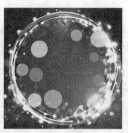

图 3-108　　　　　　　　　　图 3-109

（6）新建图层并将其命名为"图形4"。将前景色设为蓝色（其R、G、B的值分别为32、130、193）。选择"自定形状"工具，单击属性栏中"形状"选项右侧的按钮，弹出"形状"面板。单击面板右上方的按钮，在弹出的菜单中选择"污渍矢量包"选项，弹出提示对话框，单击"追加"按钮。在"形状"面板中选择需要的图形，如图3-110所示。按住Shift键的同时，拖曳鼠标绘制图形，效果如图3-111所示。

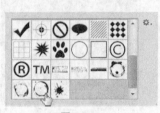 

图 3-110　　　　　　　　　　图 3-111

（7）新建图层并将其命名为"图形5"。将前景色设为橘红色（其R、G、B的值分别为208、88、15）。选择"自定形状"工具，单击属性栏中"形状"选项右侧的按钮，弹出"形状"面板，选择需要的图形，如图3-112所示，按住Shift键的同时，拖曳鼠标绘制图形，效果如图3-113所示。

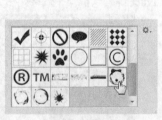 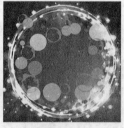

图 3-112　　　　　　　　　　图 3-113

**2．绘制标志图形**

（1）单击"图层"控制面板下方的"创建新图层"按钮，创建新图层。将前景色设为蓝色（其R、G、B的值分别为31、133、199）。选择"椭圆"工具，在属性栏中的"选择工具模式"选项中选择"像素"选项，按住Shift键的同时，在图像窗口中拖曳鼠标绘制一个圆形，效果如图3-114所示。

（2）单击"图层"控制面板下方的"创建新图层"按钮，创建新图层。选择"多边形"工具，在属性栏中的"选择工具模式"选项中选择"像素"选项，其他选项的设置如图3-115所示。拖曳鼠标绘制一个三角形，效果如图3-116所示。

80

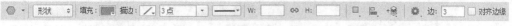

图 3-115

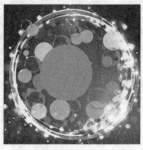

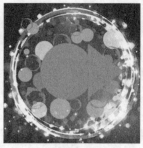

图 3-114　　　　　　　　　　　　　　　图 3-116

（3）按 Ctrl+T 组合键，图形周围出现变换框，如图 3-117 所示。向左侧拖曳变换框右侧中间的控制手柄到适当的位置，按 Enter 键确认操作，效果如图 3-118 所示。选中"图层 1"图层，按住 Shift 键的同时，单击"图层 2"图层，将两个图层同时选取，按 Ctrl+E 组合键，合并图层并将其命名为"形状"。

图 3-117　　　　　　　　　　　　　　　图 3-118

（4）单击"图层"控制面板下方的"添加图层样式"按钮 fx ，在弹出的菜单中选择"斜面和浮雕"命令，在弹出的对话框中进行设置，如图 3-119 所示。选择"描边"选项，切换到相应的对话框，设置描边颜色为白色，其他选项的设置如图 3-120 所示。

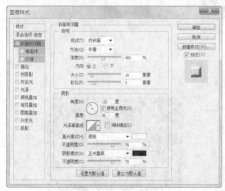

图 3-119　　　　　　　　　　　　　　　图 3-120

（5）选择"投影"选项，切换到相应的对话框，选项的设置如图 3-121 所示。单击"确定"按钮，效果如图 3-122 所示。

图 3-121

图 3-122

（6）新建图层并将其命名为"鸟"。将前景色设为白色。选择"自定形状"工具 ，单击属性栏中"形状"选项右侧的按钮 ，弹出"形状"面板。单击面板右上方的按钮 ，在弹出的菜单中选择"动物"选项，弹出提示对话框，单击"追加"按钮。在"形状"面板中选择需要的图形，如图 3-123 所示。拖曳鼠标绘制图形，效果如图 3-124 所示。

（7）单击"图层"控制面板下方的"添加图层样式"按钮 fx ，在弹出的菜单中选择"斜面和浮雕"命令，在弹出的"图层样式"对话框中进行设置，如图 3-125 所示。选择"外发光"选项，切换到相应的对话框，选项的设置如图 3-126 所示。单击"确定"按钮，效果如图 3-127 所示。炫彩效果制作完成。

图 3-123

图 3-124

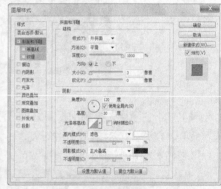

图 3-125

图 3-126

图 3-127

## 课堂练习——拼排 Lomo 风格照片

### 📖 练习知识要点

使用绘图工具和添加图层样式命令绘制照片底图；使用创建剪贴蒙版命令制作图片的剪贴蒙版效果；使用自定形状工具、多种图层样式命令制作装饰图形。拼排 Lomo 风格照片效果如图 3-128 所示。

### 📖 效果所在位置

云盘/Ch03/效果/拼排 Lomo 风格照片.psd。

图 3-128

## 课后习题——制作可爱相框

### 📖 习题知识要点

使用钢笔工具绘制相框形状；使用创建剪切蒙版命令制作照片的剪切效果；使用自定义形状工具添加蝴蝶图形。可爱相框效果如图 3-129 所示。

### 📖 效果所在位置

云盘/Ch03/效果/制作可爱相框.psd。

图 3-129

# 第 4 章　调整图像的色彩与色调

本章主要介绍调整图像色彩与色调的方法和技巧。通过本章的学习，可以根据不同的需要，应用多种调整命令对图像的色彩或色调进行细微的调整，还可以对图像进行特殊颜色的处理。

**课堂学习目标**　　　／　掌握调整图像颜色的方法和技巧
　　　　　　　　　　　／　运用命令对图像进行特殊颜色处理

## 4.1　调整图像颜色

应用亮度/对比度、变化、色阶、曲线、色相/饱和度等命令可以调整图像的颜色。

### 4.1.1　亮度/对比度

亮度/对比度命令可以用来调节图像的亮度和对比度。原始图像效果如图 4-1 所示。选择"图像 > 调整 > 亮度/对比度"命令，弹出"亮度/对比度"对话框，如图 4-2 所示。在对话框中，可以通过拖曳亮度和对比度滑块来调整图像的亮度或对比度，单击"确定"按钮，调整后的图像效果如图 4-3 所示。"亮度/对比度"命令调整的是整个图像的色彩。

图 4-1　　　　　　　　　　　　图 4　　　　　　　　　　　　图 4-3

### 4.1.2　变化

变化命令用于调整图像的色彩。选择"图像 > 调整 > 变化"命令，弹出"变化"对话框，如图 4-4 所示。在对话框中，上方中间的 4 个单选按钮，可以控制图像色彩的改变范围；下方的滑块用于设置调整的等级；左上方的两幅图像显示的是图像的原始效果和调整后的效果；左下方区域是 7 幅小图像，可以选择增加不同的颜色效果，调整图像的亮度、饱和度等色彩值；右侧区域是 3 幅小图像，用于调整图像的亮度；勾选"显示修剪"复选框，在图像色彩调整超出色彩空间时显示超色域。

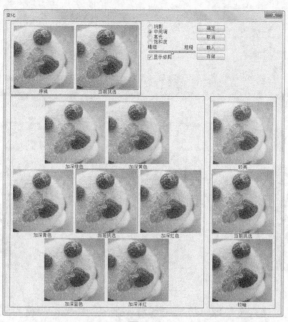

图 4-4

### 4.1.3　色阶

色阶命令用于调整图像的对比度、饱和度及灰度。打开一幅图像，如图 4-5 所示。选择"图像 > 调整 > 色阶"命令，或按 Ctrl+L 组合键，弹出"色阶"对话框，如图 4-6 所示。

图 4-5

图 4-6

对话框中间是一个直方图，其横坐标范围为 0~255，表示亮度值；纵坐标为图像的像素数。

通道：可以从其下拉列表中选择不同的颜色通道来调整图像，如果想选择两个以上的色彩通道，要先在"通道"控制面板中选择所需要的通道，再调出"色阶"对话框。

输入色阶：控制图像选定区域的最暗和最亮色彩，通过输入数值或拖曳三角形滑块来调整图像。左侧的数值框和黑色滑块用于调整黑色，图像中低于该亮度值的所有像素将变为黑色。中间的数值框和灰色滑块用于调整灰度，其数值范围在 0.1~9.99，1.00 为中性灰度。数值大于 1.00 时，将降低图像中间灰度；数值小于 1.00 时，将提高图像中间灰度。右侧的数值框和白色滑块用于调整白色，图像中高于该亮度值的所有像素将变为白色。

调整"输入色阶"选项的 3 个滑块后，图像产生的不同色彩效果，如图 4-7 所示。

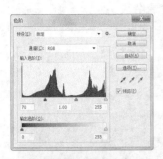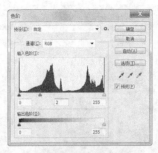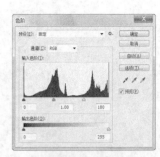

图 4-7

输出色阶：可以通过输入数值或拖曳三角形滑块来控制图像的亮度范围。左侧数值框和黑色滑块用于调整图像的最暗像素的亮度；右侧数值框和白色滑块用于调整图像最亮像素的亮度。输出色阶的调整将增加图像的灰度，降低图像的对比度。

调整"输出色阶"选项的 2 个滑块后，图像产生的不同色彩效果，如图 4-8 所示。

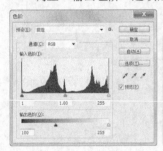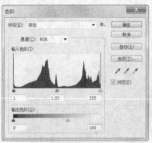

图 4-8

自动：可自动调整图像并设置层次。

选项：单击此按钮，弹出"自动颜色校正选项"对话框，可进行相应设置。

取消：按住 Alt 键，"取消"按钮转换为"复位"按钮，单击此按钮可以将刚刚调整过的色阶复位还原，然后重新进行设置。

🖋🖋🖋：分别为黑色吸管工具、灰色吸管工具和白色吸管工具。选中黑色吸管工具，用鼠标在图像中单击，图像中暗于单击点的所有像素都会变为黑色；用灰色吸管工具在图像中单击，单击点的像素都会变为灰色，图像中的其他颜色也会相应地调整；用白色吸管工具在图像中单击，图像中亮于单击点的所有像素都会变为白色。双击任一吸管工具，在弹出的颜色选择对话框中可以设置吸管颜色。

预览：勾选此复选框，可以即时显示图像的调整结果。

### 4.1.4　曲线

使用曲线命令可以通过调整图像色彩曲线上的任意一个像素点来改变图像的色彩范围。打开一幅图像，选择"图像 >调整 > 曲线"命令，或按 Ctrl+M 组合键，弹出"曲线"对话框，如图 4-9 所示。在图像中单击并按住鼠标不放，如图 4-10 所示，"曲线"对话框中的曲线上显示出一个小圆圈，它表示图像中单击处的像素数值，效果如图 4-11 所示。

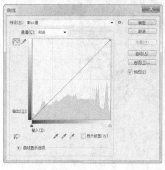  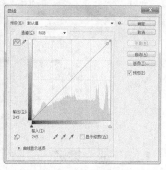

图 4-9 图 4-10 图 4-11

通道：用于选择调整图像的颜色通道。

图表中的 X 轴为色彩的输入值，Y 轴为色彩的输出值。曲线代表了输入和输出色阶的关系。

编辑点以修改曲线 ⌒：在默认状态下使用此工具，在图表曲线上单击，可以增加控制点，拖曳控制点可以改变曲线的形状，拖曳控制点到图表外将删除控制点。

通过绘制来修改曲线 ✎：可以在图表中绘制出任意曲线，单击右侧的"平滑"按钮 平滑(M) 可使曲线变得光滑。按住 Shift 键的同时，使用此工具可以绘制出直线。

"输入"和"输出"选项的数值显示的是图表中光标所在位置的亮度值。

自动 自动(A) ：可自动调整图像的亮度。

设置不同的曲线，图像效果如图 4-12 所示。

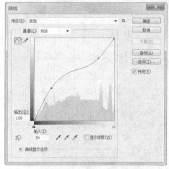 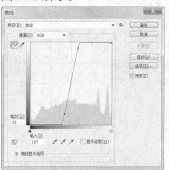 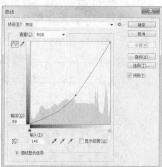

图 4-12

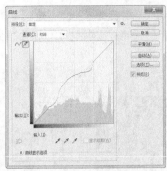

图 4-12（续）

### 4.1.5 课堂案例——制作摄影宣传卡片

📋 **案例学习目标**

学习使用亮度/对比度命令调整图像的颜色。

📋 **案例知识要点**

使用亮度/对比度命令调整图像的颜色；使用添加图层样式命令为图像描边。摄影宣传卡片效果如图 4-13 所示。

📋 **效果所在位置**

云盘/Ch04/效果/制作摄影宣传卡片.psd。

图 4-13

**1. 打开图片并调整颜色**

（1）按 Ctrl+O 组合键，打开云盘中的"Ch04 > 素材 > 制作摄影宣传卡片 > 01"文件，如图 4-14 所示。选择"图像 > 调整 > 亮度/对比度"命令，在弹出的对话框中进行设置，如图 4-15 所示。单击"确定"按钮，效果如图 4-16 所示。

图 4-14　　　　　　　　图 4-15　　　　　　　　图 4-16

（2）按 Ctrl+O 组合键，打开云盘中的"Ch04 > 素材 > 制作摄影宣传卡片 > 02"文件，选择"移动"工具 ，将图片拖曳到图像窗口中适当的位置，如图 4-17 所示。在"图层"控制面板中生成新的图层并将其命名为"图片"。

（3）按 Ctrl+T 组合键，在图形周围出现变换框，将光标放在变换框的控制手柄右上角，光标变为旋转图标↰，拖曳光标将图形旋转到适当的角度，按 Enter 键确认操作，效果如图 4-18 所示。

图 4-17　　　　　　　　　图 4-18

（4）按 Ctrl+L 组合键，弹出"色阶"对话框，设置如图 4-19 所示。单击"确定"按钮，效果如图 4-20 所示。

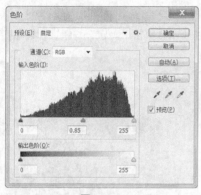

图 4-19　　　　　　　　　　　　　图 4-20

（5）按 Ctrl+M 组合键，弹出"曲线"对话框，在曲线上单击鼠标添加控制点，将"输入"选项设为 59，"输出"选项设为 73。再次单击鼠标左键添加控制点，将"输入"选项设为 148，"输出"选项设为 166，如图 4-21 所示。单击"确定"按钮，效果如图 4-22 所示。

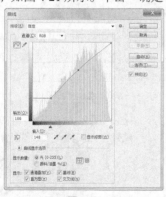

图 4-21　　　　　　　　　　　　　图 4-22

（6）单击"图层"控制面板下方的"添加图层样式"按钮 _fx_，在弹出的菜单中选择"描边"命令，弹出"图层样式"对话框，将描边颜色设为白色，其他选项的设置如图 4-23 所示。单击"确定"按钮，效果如图 4-24 所示。

图 4-23　　　　　　　　　　　　　　　图 4-24

（7）单击"图层"控制面板下方的"添加图层样式"按钮 fx，在弹出的菜单中选择"投影"命令，弹出"图层样式"对话框，选项的设置如图 4-25 所示，单击"确定"按钮，效果如图 4-26 所示。

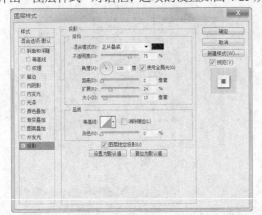

图 4-25　　　　　　　　　　　　　　　图 4-26

（8）将"图片"图层拖曳到"图层"控制面板下方的"创建新图层"按钮 上进行复制，生成新的副本图层。选择"移动"工具 ，在图像窗口中拖曳图片到适当的位置，按 Ctrl+T 组合键，出现变换框，将图形旋转到适当的大小和角度，按 Enter 键确认操作，效果如图 4-27 所示。

（9）新建图层并将其命名为"蓝色蒙版"。将前景色设为蓝色（其 R、G、B 的值分别为 7、176、238）。按 Alt+Delete 组合键，用前景色填充图层。在"图层"控制面板上方，将"蓝色蒙版"图层的混合模式设为"柔光"，"不透明度"选项设为 60%，如图 4-28 所示，效果如图 4-29 所示。

图 4-27　　　　　　　　　图 4-28　　　　　　　　　图 4-29

90

**2．添加文字**

（1）将前景色设为深蓝色（其 R、G、B 的值分别为 3、56、101）。选择"横排文字"工具 T ，分别输入需要的文字并选取文字，在属性栏中选择合适的字体并设置文字大小，按 Alt+ ← 组合键，适当调整文字间距，效果如图 4-30 所示。在"图层"控制面板中生成新的文字图层。选择"横排文字"工具 T ，分别选取需要的文字，填充文字为白色，效果如图 4-31 所示。

图 4-30 　　　　　　　　　　 图 4-31

（2）在"图层"控制面板，按住 Ctrl 键的同时将文字图层同时选取，如图 4-32 所示。按 Ctrl+T 组合键，在图形周围出现变换框，将光标放在变换框的控制手柄右上角，光标变为旋转图标 ，拖曳光标将图形旋转到适当的角度，按 Enter 键确认操作，效果如图 4-33 所示。摄影宣传卡片制作完成。

图 4-32 　　　　　　　　　　 图 4-33

### 4.1.6　曝光度

原始图像效果如图 4-34 所示。选择"图像 > 调整 > 曝光度"命令，弹出"曝光度"对话框。在对话框中进行设置，如图 4-35 所示，单击"确定"按钮，即可调整图像的曝光度，如图 4-36 所示。

图 4-34 　　　　　　　　　 图 4-35 　　　　　 \ 　　　　 图 4-36

曝光度：调整色彩范围的高光端，对极限阴影的影响很轻微。

位移：使阴影和中间调变暗，对高光的影响很轻微。

灰度系数校正：使用乘方函数调整图像灰度系数。

### 4.1.7 色相/饱和度

通过色相/饱和度命令可以调节图像的色相与饱和度。原始图像效果如图 4-37 所示，选择"图像 > 调整 > 色相/饱和度"命令，或按 Ctrl+U 组合键，弹出"色相/饱和度"对话框。在对话框中进行设置，如图 4-38 所示，单击"确定"按钮，效果如图 4-39 所示。

图 4-37　　　　　　　　　　图 4-38　　　　　　　　　　图 4-39

全图：用于选择要调整的色彩范围，可以通过拖曳各选项中的滑块来调整图像的色彩、饱和度和明度。

着色：用于在由灰度模式转化而来的色彩模式图像中添加需要的颜色。

原始图像效果如图 4-40 所示，在"色相/饱和度"对话框中进行设置，勾选"着色"复选框，如图 4-41 所示。单击"确定"按钮后，图像效果如图 4-42 所示。

图 4-40　　　　　　　　　　图 4-41　　　　　　　　　　图 4-42

**技 巧**　　　　按住 Alt 键，"色相/饱和度"对话框中的"取消"按钮转换为"复位"按钮，单击"复位"按钮，可以对"色相/饱和度"对话框重新进行设置。

### 4.1.8 色彩平衡

色彩平衡命令用于调节图像的色彩平衡度。选择"图像 > 调整 > 色彩平衡"命令，或按 Ctrl+B 组合键，弹出"色彩平衡"对话框，如图 4-43 所示。

色彩平衡：用于添加过渡色来平衡色彩效果，拖曳滑块可以调整整个图像的色彩，也可以在"色阶"选项的数值框中直接输

图 4-43

入数值调整图像的色彩。

色调平衡：用于选取图像的阴影、中间调和高光。

保持明度：用于保持原图像的亮度。

设置不同的色彩平衡后，图像效果如图 4-44 所示。

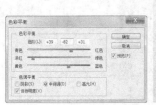

图 4-44

### 4.1.9　课堂案例——制作回忆照片

📋 **案例学习目标**

学习使用色阶命令调整图片的颜色。

📋 **案例知识要点**

使用应用图像命令和色阶命令调整图片的颜色；使用亮度/对比度命令调整图片的亮度；使用文字工具输入需要的文字。回忆照片效果如图 4-45 所示。

📋 **效果所在位置**

云盘/Ch04/效果/制作回忆照片.psd。

图 4-45

**1. 使用应用图像命令调整图片颜色**

（1）按 Ctrl+O 组合键，打开云盘中的"Ch04 > 素材 > 制作回忆照片 > 01"文件，效果如图 4-46 所示。

（2）将"背景"图层拖曳到"图层"控制面板下方的"创建新图层"按钮 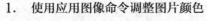 上进行复制，生成新的图层"背景 拷贝"。

（3）选择"通道"控制面板，选中"蓝"通道，选择"图像 > 应用图像"命令，在弹出的对话框中进行设置，如图 4-47 所示。单击"确定"按钮，效果如图 4-48 所示。

图 4-46　　　　　　　　　图 4-47　　　　　　　　　图 4-48

93

（4）选中"绿"通道，选择"图像 > 应用图像"命令，在弹出的对话框中进行设置，如图 4-49 所示，单击"确定"按钮，效果如图 4-50 所示。

图 4-49                图 4-50

（5）选中"红"通道，选择"图像 > 应用图像"命令，在弹出的对话框中进行设置，如图 4-51 所示。单击"确定"按钮，效果如图 4-52 所示。

图 4-51                 图 4-52

### 2. 使用色阶命令调整图片颜色

（1）选择"蓝"通道，按 Ctrl+L 组合键，在弹出的"色阶"对话框中进行设置，如图 4-53 所示。单击"确定"按钮，效果如图 4-54 所示。

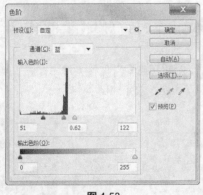

图 4-53                 图 4-54

（2）选择"绿"通道，按 Ctrl+L 组合键，在弹出的"色阶"对话框中进行设置，如图 4-55 所示。单击"确定"按钮，效果如图 4-56 所示。

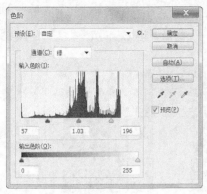

图 4-55　　　　　　　　　　　　　　图 4-56

（3）选择"红"通道，按 Ctrl+L 组合键，在弹出的"色阶"对话框中进行设置，如图 4-57 所示。单击"确定"按钮，效果如图 4-58 所示。

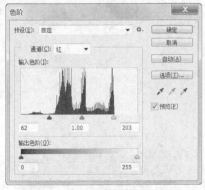

图 4-57　　　　　　　　　　　　　　图 4-58

（4）选择"RGB"通道，图像效果如图 4-59 所示。选择"图层"控制面板，选中"背景 拷贝"图层，选择"图像 > 调整 > 亮度/对比度"命令，在弹出的对话框中进行设置，如图 4-60 所示。单击"确定"按钮，效果如图 4-61 所示。

图 4-59　　　　　　　　　图 4-60　　　　　　　　　图 4-61

### 3.　添加图片及文字

（1）按 Ctrl + O 组合键，打开云盘中的"Ch04 > 素材 > 制作回忆照片 > 02"文件。选择"移动"工具，将 02 图片拖曳到图像窗口中适当的位置，效果如图 4-62 所示。在"图层"控制面板中生成新图层并将其命名为"边框"。

（2）将前景色设为黑色。选择"横排文字"工具 T，输入需要的文字并选择文字，在属性栏中选择合适的字体并设置文字大小，按 Alt+ ←，适当调整文字间距，效果如图 4-63 所示，在"图层"控制面板中生成新的文字图层。

图 4-62          图 4-63

（3）选择"横排文字"工具 T，在适当的位置输入需要的文字并选择文字，选择"窗口 > 字符"命令，在弹出的"字符"面板中进行设置，如图 4-64 所示，选择"窗口 > 段落"命令，在弹出的段落面板中单击"居中对齐文本"，文字效果如图 4-65 所示，在"图层"控制面板中生成新的文字图层。

图 4-64          图 4-65

（2）在"图层"控制面板，按住 Ctrl 键的同时将文字图层同时选取，如图 4-66 所示。按 Ctrl+T 组合键，在图形周围出现变换框，将光标放在变换框的控制手柄右上角，光标变为旋转图标，拖曳光标将图形旋转到适当的角度，按 Enter 键确认操作，效果如图 4-67 所示。回忆照片效果制作完成。

图 4-66          图 4-67

## 4.2 对图像进行特殊颜色处理

应用去色、反相、阈值、色调分离、渐变映射命令可以对图像进行特殊颜色处理。

### 4.2.1　去色

去色命令用于去除图像中的颜色。选择"图像 > 调整 >去色"命令，或按 Shift+Ctrl+U 组合键，可以去掉图像中的色彩，使图像变为灰度图，但图像的色彩模式并不改变。通过"去色"命令，可以对选区中的图像进行去掉色彩的处理。

### 4.2.2　反相

选择"图像 > 调整 > 反相"命令，或按 Ctrl+I 组合键，可以将图像或选区的像素反转为其补色，使其出现底片效果。不同色彩模式图像反相后的效果如图 4-68 所示。

原始图像效果　　　　RGB 色彩模式图像反相后的效果　　　　CMYK 色彩模式图像反相后的效果

图 4-68

**提 示**　　反相效果是对图像的每一个色彩通道进行反相后的合成效果，不同色彩模式的图像反相后的效果是不同的。

### 4.2.3　阈值

阈值命令可以用于提高图像色调的反差度。原始图像效果如图 4-69 所示，选择"图像 > 调整 > 阈值"命令，弹出"阈值"对话框。在对话框中拖曳滑块或在"阈值色阶"选项的数值框中输入数值，可以改变图像的阈值，系统将大于阈值的像素变为白色，小于阈值的像素变为黑色，使图像具有高度反差，如图 4-70 所示，单击"确定"按钮，图像效果如图 4-71 所示。

 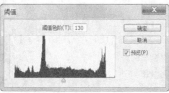 

图 4-69　　　　　　　　　图 4-70　　　　　　　　　图 4-71

## 课堂练习——制作艺术照片效果

📖 **练习知识要点**

使用去色命令去除图片颜色；使用色彩平衡命令制作艺术照片效果，如图 4-72 所示。

📖 **效果所在位置**

云盘/Ch04/效果/制作艺术照片效果.psd。

图 4-72

## 课后习题——制作美丽夜景

📖 **习题知识要点**

使用色阶命令调整图片的亮度。美丽夜景效果如图 4-73 所示。

📖 **效果所在位置**

云盘/Ch04/效果/制作美丽夜景.psd。

图 4-73

# 第 5 章　应用文字与图层

　　本章主要介绍 Photoshop 中文字与图层的应用技巧。通过本章的学习，可以快速地掌握文字的输入方法、变形文字的设置、路径文字的制作以及应用图层制作出多变图像效果的技巧。

| 课堂学习目标 | |
| --- | --- |
| / | 掌握文本的输入与编辑方法 |
| / | 掌握创建变形文字与路径文字的方法 |
| / | 了解图层的基础知识 |
| / | 掌握新建填充和调整图层的方法 |
| / | 掌握运用图层的混合模式编辑图像 |
| / | 掌握图层样式的应用 |
| / | 掌握运用图层蒙版编辑图像 |
| / | 掌握剪贴蒙版的应用 |

## 5.1　文本的输入与编辑

　　应用文字工具输入文字，并使用字符控制面板对文字进行调整。

### 5.1.1　输入水平、垂直文字

　　选择"横排文字"工具 T，或按 T 键，属性栏如图 5-1 所示。

**图 5-1**

　　更改文本方向 ↓T：用于选择文字输入的方向。

　　宋体：用于设定文字的字体及属性。

　　12点：用于设定字体的大小。

　　a 锐利：用于消除文字的锯齿，包括无、锐利、犀利、浑厚和平滑 5 个选项。

　　：用于设定文字的段落格式，分别是左对齐、居中对齐和右对齐。

　　：用于设置文字的颜色。

　　"创建文字变形"按钮：用于对文字进行变形操作。

　　"切换字符和段落面板"按钮：用于打开"段落"和"字符"控制面板。

　　"取消所有当前编辑"按钮：用于取消对文字的操作。

　　"提交所有当前编辑"按钮：用于确定对文字的操作。

　　选择"直排文字"工具 ↓T，可以在图像中输入垂直文本，直排文本工具属性栏和横排工具属性栏的功能基本相同。

### 5.1.2 输入段落文字

建立段落文字图层就是以段落文字框的方式建立文字图层。

将"横排文字"工具 T 移动到图像窗口中，鼠标变为 I 图标。此时按住鼠标左键不放，拖曳鼠标在图像窗口中创建一个段落定界框，如图 5-2 所示。插入点显示在定界框的左上角，段落定界框具有自动换行的功能，如果输入的文字较多，则当文字遇到定界框时，会自动换到下一行显示，效果如图 5-3 所示。如果输入的文字需要分段落，可以按 Enter 键进行操作。还可以对定界框进行旋转、拉伸等操作。

图 5-2　　　　　　　　　　　图 5-3

### 5.1.3 栅格化文字

"图层"控制面板中文字图层的效果如图 5-4 所示。选择"图层 > 栅格化 > 文字"命令，可以将文字图层转换为图像图层，如图 5-5 所示。也可用鼠标右键单击文字图层，在弹出的菜单中选择"栅格化文字"命令。

图 5-4　　　　　　　　　　　图 5-5

### 5.1.4 载入文字的选区

通过文字工具在图像窗口中输入文字后，在"图层"控制面板中会自动生成文字图层。如果需要文字的选区，可以将此文字图层载入选区。按住 Ctrl 键的同时，单击文字图层的缩览图，即可载入文字选区。

## 5.2 创建变形文字与路径文字

在 Photoshop 中，应用创建变形文字与路径文字命令可以制作出多样的文字变形。

### 5.2.1　变形文字

应用变形文字面板可以将文字进行多种样式的变形，如扇形、旗帜、波浪、膨胀、扭转等。

#### 1.　制作扭曲变形文字

根据需要可以对文字进行各种变形。在图像中输入文字，如图 5-6 所示。单击文字工具属性栏中的"创建文字变形"按钮，弹出"变形文字"对话框，如图 5-7 所示。在"样式"选项的下拉列表中包含多种文字的变形效果，如图 5-8 所示。

图 5-6　　　　　　　　　　　　图 5-7　　　　　　　　　　　　图 5-8

文字的多种变形效果，如图 5-9 所示。

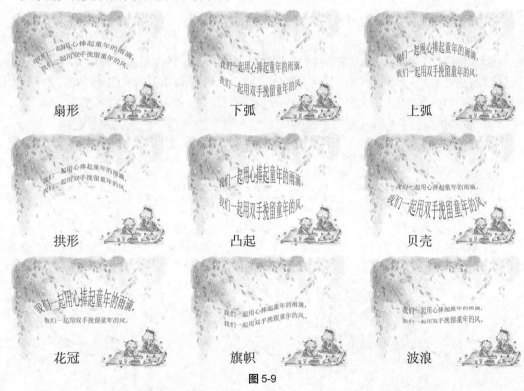

图 5-9

101

鱼形          增加          鱼眼

膨胀          挤压          扭转

图 5-9（续）

**2. 设置变形选项**

如果要修改文字的变形效果，可以调出"变形文字"对话框，在对话框中重新设置样式或更改当前应用样式的数值。

**3. 取消文字变形效果**

如果要取消文字的变形效果，可以调出"变形文字"对话框，在"样式"选项的下拉列表中选择"无"。

### 5.2.2　路径文字

可以将文字建立在路径上，并应用路径对文字进行调整。

**1. 在路径上创建文字**

选择"钢笔"工具 ，在图像中绘制一条路径，如图 5-10 所示。选择"横排文字"工具 T，将鼠标光标放在路径上，鼠标光标将变为 图标，如图 5-11 所示，单击路径出现闪烁的光标，此处为输入文字的起始点。输入的文字会沿着路径的形状进行排列，效果如图 5-12 所示。

图 5-10          图 5-11          图 5-12

文字输入完成后，在"路径"控制面板中会自动生成文字路径层，如图 5-13 所示。取消"视图 ＞ 显示额外内容"命令的选中状态，可以隐藏文字路径，如图 5-14 所示。

图 5-13

图 5-14

> **提示**　　"路径"控制面板中的文字路径层与"图层"控制面板中相对的文字图层是相链接的，删除文字图层时，文字的路径层会自动被删除，删除其他工作路径不会对文字的排列有影响。如果要修改文字的排列形状，需要对文字路径进行修改。

**2. 在路径上移动文字**

选择"路径选择"工具 ，将鼠标光标放置在文字上，鼠标光标显示为 图标，如图 5-15 所示。单击并沿着路径拖曳鼠标，可以移动文字，效果如图 5-16 所示。

图 5-15　　　　　　　　　　　　图 5-16

**3. 在路径上翻转文字**

选择"路径选择"工具 ，将鼠标光标放置在文字上，鼠标光标显示为 图标，如图 5-17 所示。将文字向路径下方拖曳，可以沿路径翻转文字，效果如图 5-18 所示。

图 5-17　　　　　　　　　　　　图 5-18

**4. 修改绕排文字的路径形状**

创建了路径绕排文字后，同样可以编辑文字绕排的路径。选择"直接选择"工具 ，在路径上单击，路径上显示出控制手柄，拖曳控制手柄修改路径的形状，如图 5-19 所示。文字会按照修改后的路径进行排列，效果如图 5-20 所示。

图 5-19　　　　　　　　　　　　图 5-20

### 5.2.3　课堂案例——制作折扣牌

**案例学习目标**

学习使用文字工具和文字变形命令制作文字效果。

103

### 案例知识要点

使用横排文字工具输入标题及内容文字；使用自定形状工具绘制装饰图形；使用创建文字变形命令制作文字变形效果。折扣牌效果如图5-21所示。

### 效果所在位置

云盘/Ch05/效果/制作折扣牌.psd。

（1）按 Ctrl + N 组合键，新建一个文件：宽度为 10 厘米，高度为10 厘米，分辨率为 300 像素/英寸，颜色模式为 RGB，背景内容为白色，单击"确定"按钮。按住 Alt 键的同时，双击"背景"图层，将"背景"图层转换为普通图层并将其命名为"底图"，如图5-22所示。

图 5-21

（2）单击"图层"控制面板下方的"添加图层样式"按钮 fx，在弹出的菜单中选择"内阴影"命令，弹出"图层样式"对话框，将内阴影颜色设为黑色，其他选项的设置如图5-23所示。单击"确定"按钮，效果如图5-24所示。

图 5-22　　　　　图 5-23　　　　　图 5-24

（3）单击"图层"控制面板下方的"添加图层样式"按钮 fx，在弹出的菜单中选择"图案叠加"命令，弹出"图层样式"对话框，单击"图案"选项，弹出图案选择面板，单击面板右上方的按钮，在弹出的菜单中选择"彩色纸"选项，弹出提示对话框，单击"追加"按钮。在图案选择面板中选择需要的图案，如图5-25所示，返回到"图案叠加"对话框中，其他选项的设置如图5-26所示。单击"确定"按钮，效果如图5-27所示。

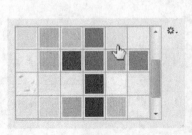
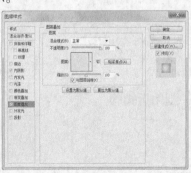

图 5-25　　　　　图 5-26　　　　　图 5-27

（4）选择"横排文字"工具 T，在适当的位置输入需要的文字并选取文字，在属性栏中选择合适的字体并设置文字大小，效果如图 5-28 所示，在"图层"控制面板中生成新的文字图层。

（5）选择"横排文字"工具 T，选取文字"S"，填充文字为红色（其 R、G、B 的值分别为 254、0、0），如图 5-29 所示。使用相同方法分别填充文字为橙黄色（其 R、G、B 的值分别为 255、150、0）、绿色（其 R、G、B 的值分别为 87、195、0）、蓝色（其 R、G、B 的值分别为 0、121、234），效果如图 5-30 所示。

图 5-28

图 5-29

图 5-30

（6）将前景色设为黑色，选择"横排文字"工具 T，在适当的位置输入需要的文字并选取文字，在属性栏中选择合适的字体并设置文字大小，效果如图 5-31 所示，

（7）新建图层并将其命名为"星形"。将前景色设为橙色（其 R、G、B 的值分别为 255、174、0）。选择"自定形状"工具，单击属性栏中的"形状"选项，弹出"形状"面板，单击右上方的按钮，在弹出的菜单中选择"形状"选项，弹出提示对话框，单击"追加"按钮。在"形状"面板中选中图形"五角星"，如图 5-32 所示。在属性栏的"选择工具模式"选项中设为"像素"，在图像窗口中的适当位置拖曳鼠标绘制图形，效果如图 5-33 所示。

图 5-31

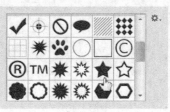

图 5-32

图 5-33

（8）新建图层并将其命名为"月亮"。选择"自定形状"工具，单击属性栏中的"形状"选项，在弹出的"形状"面板中选中图形"新月"，如图 5-34 所示。在图像窗口中的适当位置拖曳鼠标绘制图形，效果如图 5-35 所示。

（9）按 Ctrl + O 组合键，打开云盘中的"Ch05 > 素材 > 制作折扣牌 > 01、02"文件，选择"移动"工具，将图片分别拖曳到图像窗口中适当的位置，效果如图 5-36 所示，在"图层"控制面板中分别生成新的图层并将其命名为"圣诞球"、"蝴蝶结"。

（10）单击"图层"控制面板下方的"添加图层样式"按钮 fx，在弹出的菜单中选择"投影"命令，弹出"图层样式"对话框，选项的设置如图 5-37 所示，单击"确定"按钮，效果如图 5-38 所示。

图 5-34

图 5-35

图 5-36

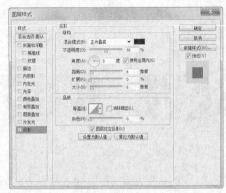

图 5-37

图 5-38

（11）将前景色设为深红色（其 R、G、B 值分别为 209、0、0），选择"横排文字"工具 T，在适当的位置输入需要的文字并选取文字，在属性栏中选择合适的字体并设置文字大小，效果如图 5-39 所示。单击"创建文字变形"按钮 ，在弹出的对话框中进行设置，如图 5-40 所示。单击"确定"按钮，效果如图 5-41 所示。

图 5-39

图 5-40

图 5-41

（12）将前景色设为黑色，选择"横排文字"工具 T，在适当的位置输入文字并选取文字，在属性栏中选择合适的字体并设置文字大小，如图 5-42 所示。单击"创建文字变形"按钮 ，在弹出的对话框中进行设置，如图 5-43 所示。单击"确定"按钮，效果如图 5-44 所示。折扣牌制作完成。

图 5-42

图 5-43

图 5-44

## 5.3 图层基础知识

通过学习图层基础知识，可以在掌握图层基本概念的基础上快速完成对图层的复制、合并、删除等基础调整。

### 5.3.1 "图层"控制面板

"图层"控制面板列出了图像中的所有图层、组和图层效果，如图 5-45 所示。可以使用"图层"控制面板显示和隐藏图层、创建新图层以及处理图层组，还可以在其弹出式菜单中设置其他命令和选项。

图 5-45

图层搜索功能：在 类型 框中可以选取 6 种不同的搜索方式。类型：可以通过单击"像素图层"按钮 、"调整图层"按钮 、"文字图层"按钮 、"形状图层"按钮 和"智能对象"按钮 来搜索需要的图层类型。名称：可以通过在右侧的框中输入图层名称来搜索图层。效果：通过图层应用的图层样式来搜索图层。模式：通过图层设定的混合模式来搜索图层。属性：通过图层的可见性、锁定、链接、混合和蒙版等属性来搜索图层。颜色：通过不同的图层颜色来搜索图层。

图层的混合模式 正常 ：用于设定图层的混合模式，共包含 27 种混合模式。

不透明度：用于设定图层的不透明度。

填充：用于设定图层的填充百分比。

眼睛图标 ：用于打开或隐藏图层中的内容。

锁链图标 ：表示图层与图层之间的链接关系。

图标 T：表示此图层为可编辑的文字层。

图标 fx：为图层添加了样式。

在"图层"控制面板的上方有 4 个工具图标，如图 5-46 所示。

锁定透明像素 ：用于锁定当前图层中的透明区域，使透明区域不能被编辑。

锁定图像像素 ：使当前图层和透明区域不能被编辑。

锁定位置 ：使当前图层不能被移动。

锁定全部 ：使当前图层或序列完全被锁定。

在"图层"控制面板的下方有 7 个工具按钮图标，如图 5-47 所示。

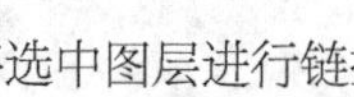

锁定： 图 5-46

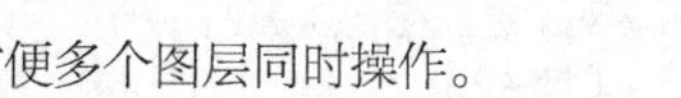

图 5-47

链接图层 ：将选中图层进行链接，方便多个图层同时操作。

添加图层样式 fx ：为当前图层添加图层样式效果。

添加图层蒙版 ：将在当前图层上创建一个蒙版。在图层蒙版中，黑色代表隐藏图像，白色代表显示图像。可以使用画笔等绘图工具对蒙版进行绘制，还可以将蒙版转换成选择区域。

创建新的填充或调整图层 ：可对图层进行颜色填充和效果调整。

创建新组 ▣：用于新建一个图层组，可在其中放入图层。

创建新图层 ▢：用于在当前图层的上方创建一个新图层。

删除图层 🗑：即垃圾桶，可以将不需要的图层拖到此处进行删除。

单击"图层"控制面板右上方的图标 ▾≣，弹出其命令菜单，如图 5-48 所示。

图 5-48

### 5.3.2 新建与复制图层

应用新建图层命令可以创建新的图层，应用复制图层命令可以将已有的图层进行复制。

**1. 新建图层**

单击"图层"控制面板右上方的图标 ▾≣，弹出其命令菜单，选择"新建图层"命令，弹出"新建图层"对话框，如图 5-49 所示。

名称：用于设定新图层的名称，可以选择与前一图层创建剪贴蒙版。

颜色：用于设定新图层的颜色。

模式：用于设定当前图层的合成模式。

不透明度：用于设定当前图层的不透明度值。

单击"图层"控制面板下方的"创建新图层"按钮 ▢，可以创建一个新图层。按住 Alt 键的同时，单击"创建新图层"按钮 ▢，将弹出"新建图层"对话框。

选择"图层 > 新建 > 图层"命令，弹出"新建图层"对话框。按 Shift+Ctrl+N 组合键，也可以弹出"新建图层"对话框。

**2. 复制图层**

单击"图层"控制面板右上方的图标 ▾≣，弹出其命令菜单，选择"复制图层"命令，弹出"复制图层"对话框，如图 5-50 所示。

为：用于设定复制层的名称。

文档：用于设定复制层的文件来源。

将需要复制的图层拖曳到控制面板下方的"创建新图层"按钮 ▢ 上，可以将所选的图层复制为一个新图层。

选择"图层 > 复制图层"命令，弹出"复制图层"对话框。

打开目标图像和需要复制的图像，将图像中需要复制的图层直接拖曳到目标图像的图层中，图层复制完成。

图 5-49

图 5-50

### 5.3.3 合并与删除图层

在编辑图像的过程中，可以将图层进行合并，并将无用的图层进行删除。

### 1. 合并图层

"向下合并"命令用于向下合并图层。单击"图层"控制面板右上方的图标▼，在弹出的菜单中选择"向下合并"命令，或按 Ctrl+E 组合键即可合并图层。

"合并可见图层"命令用于合并所有可见层。单击"图层"控制面板右上方的图标▼，在弹出的菜单中选择"合并可见图层"命令，或按 Shift+Ctrl+E 组合键即可合并可见图层。

"拼合图像"命令用于合并所有的图层。单击图层控制面板右上方的图标▼，在弹出的菜单中选择"拼合图像"命令，即可合并所有图层。

### 2. 删除图层

单击图层控制面板右上方的图标▼，弹出其命令菜单，选择"删除图层"命令，弹出提示对话框，如图 5-51 所示。

选中要删除的图层，单击"图层"控制面板下方的"删除图层"按钮 🗑，即可删除图层。或将需要删除的图层直接拖曳到"删除图层"按钮 🗑 上进行删除。

选择"图层 > 删除 > 图层"命令，即可删除图层。

**图 5-51**

### 5.3.4　显示与隐藏图层

单击"图层"控制面板中任意图层左侧的眼睛图标 👁，可以隐藏或显示这个图层。

按住 Alt 键的同时，单击"图层"控制面板中的任意图层左侧的眼睛图标 👁，此时，图层控制面板中将只显示这个图层，其他图层被隐藏。

### 5.3.5　图层的不透明度

通过"图层"控制面板上方的"不透明度"选项和"填充"选项可以调节图层的不透明度。"不透明度"选项可以用于调节图层中的图像、图层样式和混合模式的不透明度；"填充"选项不能用来调节图层样式的不透明度。设置不同数值时，图像产生的不同效果如图 5-52 所示。

**图 5-52**

### 5.3.6　图层组

当编辑多层图像时，为了方便操作，可以将多个图层建立在一个图层组中。单击"图层"控制面板右上方的图标▼，在弹出的菜单中选择"新建组"命令，弹出"新建组"对话框，单击"确定"按钮，新建一个图层组，如图 5-53 所示。选中要放置到组中的多个图层，如图 5-54 所示，将其向图层组中拖曳，选中的图层被放置在图层组中，如图 5-55 所示。

图 5-53

图 5-54

图 5-55

**提示** 　单击"图层"控制面板下方的"创建新组"按钮 ，可以新建图层组；选择"图层 > 新建 > 组 "命令，也可新建图层组；还可选中要放置在图层组中的所有图层，按 Ctrl+G 组合键，自动生成新的图层组。

## 5.4 新建填充和调整图层

应用填充图层命令可以为图像填充纯色、渐变色或图案；应用调整图层命令可以对图像的色彩与色调、混合与曝光度等进行调整。

### 5.4.1 使用填充图层

当需要新建填充图层时，可以选择"图层 > 新建填充图层"命令，弹出填充图层的 3 种方式，如图 5-56 所示。选择其中的一种方式，弹出"新建图层"对话框，如图 5-57 所示，单击"确定"按钮，将根据选择的填充方式弹出不同的填充对话框。

图 5-56

图 5-57

以"渐变填充"为例，如图 5-58 所示，单击"确定"按钮，"图层"控制面板和图像的效果如图 5-59、图 5-60 所示。

单击"图层"控制面板下方的"创建新的填充和调整图层"按钮 ，可以在弹出的菜单中选择需要的填充方式。

图 5-58

图 5-59

图 5-60

### 5.4.2　使用调整图层

当需要对一个或多个图层进行色彩调整时，可以选择"图层 > 新建调整图层"命令，弹出调整图层的多种方式，如图 5-61 所示。选择其中的一种方式，将弹出"新建图层"对话框，如图 5-62 所示。

图 5-61　　　　　　　　　　　　　　　　　图 5-62

选择不同的调整方式，将弹出不同的调整对话框，以"色相/饱和度"为例，如图 5-63 所示，单击"确定"按钮，"图层"控制面板和图像的效果如图 5-64、图 5-65 所示。

图 5-63　　　　　　　　　图 5-64　　　　　　　　　图 5-65

单击"图层"控制面板下方的"创建新的填充或调整图层"按钮 ，可以在弹出的菜单中选择需要的调整方式。

### 5.4.3　课堂案例——制作墙壁画

案例学习目标

学习使用创建调整图层命令调整图片颜色制作墙壁画效果。

案例知识要点

使用混合模式命令制作图片的叠加效果；使用色相/饱和度命令和色阶命令调整图片的颜色。墙壁画效果如图 5-66 所示。

图 5-66

111

📋 **效果所在位置**

云盘/Ch05/效果/制作墙壁画.psd。

（1）按 Ctrl+N 组合键，新建一个文件，宽度为 30 厘米，高度为 25 厘米，分辨率为 70 像素/英寸，颜色模式为 RGB，背景内容为白色，单击"确定"按钮。

（2）按 Ctrl+O 组合键，打开云盘中的"Ch05 > 素材 > 制作墙壁画 > 01"文件，选择"移动"工具 ⊕，将 01 图片拖曳到图像窗口中适当的位置，并调整其大小，效果如图 5-67 所示，在"图层"控制面板中生成新的图层并将其命名为"风景"。

（3）将"风景"图层拖曳到"图层"控制面板下方的"创建新图层"按钮 🗋 上进行复制，生成新的图层"风景 拷贝"。在"图层"控制面板上方，将"风景 拷贝"图层的混合模式选项设为"叠加"，如图 5-68 所示，图像窗口中的效果如图 5-69 所示。

| 图 5-67 | 图 5-68 | 图 5-69 |

（4）单击"图层"控制面板下方的"创建新的填充或调整图层"按钮 ◐，在弹出的菜单中选择"色相/饱和度"命令，在"图层"控制面板中生成"色相/饱和度 1"图层，同时在弹出的"色相/饱和度"面板中进行设置如图 5-70 所示，按 Enter 键确认操作，效果如图 5-71 所示。

（5）单击"图层"控制面板下方的"创建新的填充或调整图层"按钮 ◐，在弹出的菜单中选择"色阶"命令，在"图层"控制面板中生成"色阶 1"图层，同时在弹出的"色阶"面板中进行设置，如图 5-72 所示，按 Enter 键确认操作，效果如图 5-73 所示。

（6）按 Ctrl+O 组合键，打开云盘中的"Ch05 > 素材 > 制作墙壁画 > 02"文件，选择"移动"工具 ⊕，将图片拖曳到图像窗口中适当的位置，效果如图 5-74 所示，在"图层"控制面板中生成新的图层并将其命名为"相框"。墙壁画效果制作完成。

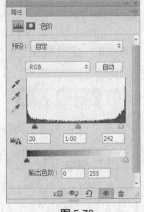

| 图 5-70 | 图 5-71 | 图 5-72 |

图 5-73

图 5-74

## 5.5 图层的混合模式

图层的混合模式命令用于为图层添加不同的模式，使图像产生不同的效果。

### 5.5.1 使用混合模式

在"图层"控制面板中，"设置图层的混合模式"选项 [ 正常 ⇕ ] 用于设定图层的混合模式，它包含有 27 种模式。

打开一幅图像，如图 5-75 所示，"图层"控制面板中的效果如图 5-76 所示。

图 5-75                图 5-76

在对"图片"图层应用不同的混合模式后，图像效果如图 5-77 所示。

正常        溶解        变暗        正片叠底

颜色加深      线性加深      深色        变亮

图 5-77

113

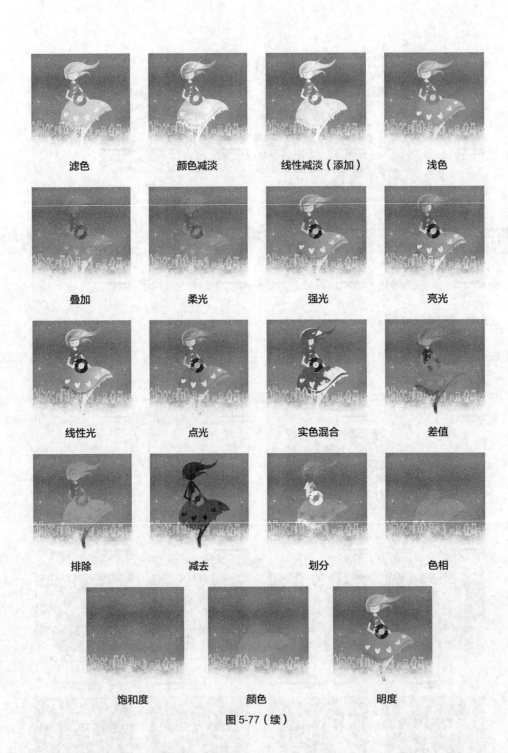

滤色　　　　　　颜色减淡　　　　线性减淡（添加）　　　浅色

叠加　　　　　　柔光　　　　　　强光　　　　　　　亮光

线性光　　　　　点光　　　　　　实色混合　　　　　差值

排除　　　　　　减去　　　　　　划分　　　　　　　色相

饱和度　　　　　　颜色　　　　　　明度

图 5-77（续）

### 5.5.2　课堂案例——制作秋天特效

📋 案例学习目标

学习使用混合模式命令制作图片的叠加效果。

**案例知识要点**

使用混合模式命令调整图像的颜色；使用马赛克滤镜命令制作图像的马赛克效果。秋天特效如图 5-78 所示。

**效果所在位置**

图 5-78

云盘/Ch05/效果/制作秋天特效.psd。

（1）按 Ctrl+O 组合键，打开云盘中的"Ch05 > 素材 > 制作秋天特效 > 01"文件，效果如图 5-79 所示。在"图层"控制面板中，将"背景"图层拖曳到控制面板下方的"创建新图层"按钮 ▢ 上进行复制，生成新的图层"背景 拷贝"。将该图层的混合模式选项设为"叠加"，如图 5-80 所示，图像效果如图 5-81 所示。

图 5-79　　　　　　　　　　图 5-80　　　　　　　　　　图 5-81

（2）选择"滤镜 > 像素化 > 马赛克"命令，在弹出的对话框中进行设置，如图 5-82 所示，单击"确定"按钮，效果如图 5-83 所示。

图 5-82　　　　　　　　　　图 5-83

（3）将"背景 拷贝"图层拖曳到控制面板下方的"创建新图层"按钮 ▢ 上进行复制，生成新的图层"背景 拷贝 2"。在"图层"控制面板上方，将"背景 拷贝 2"图层的混合模式设为"色相"，如图 5-84 所示，图像效果如图 5-85 所示。

图 5-84　　　　　　　　　　图 5-85

（4）将前景色设为黄色（其 R、G、B 值分别为 252、209、133）。选择"横排文字"工具 T，在属性栏中选择合适的字体并设置大小，输入文字并选取需要的文字，选择"窗口 > 字符"命令，在弹出的"字符"面板中进行设置，如图 5-86 所示，分别选取文字，并调整其大小，效果如图 5-87 所示，在控制面板中生成新的文字图层。秋天特效制作完成，如图 5-88 所示。

图 5-86

图 5-87

图 5-88

## 5.6 ▸ 图层样式

Photoshop 提供了多种图层样式的添加方式供选择，可以单独为图像添加一种样式，还可同时为图像添加多种样式。应用图层样式命令可以为图像添加投影、外发光、斜面、浮雕等效果，制作特殊效果的文字和图形。

### 5.6.1 图层样式

单击"图层"控制面板下方的"添加图层样式"按钮 fx，在弹出的菜单中选择不同的图层样式命令，生成的效果如图 5-89 所示。

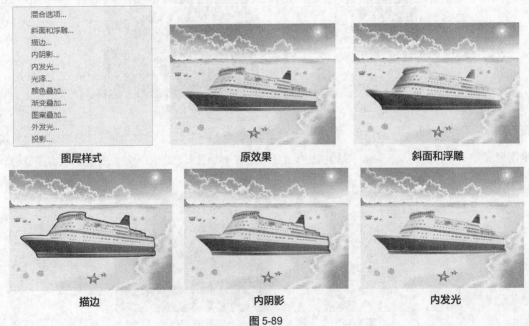

图 5-89

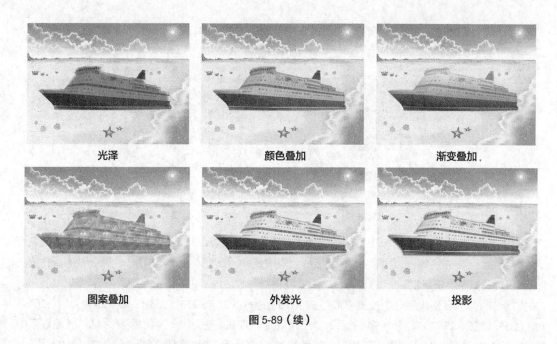

|光泽|颜色叠加|渐变叠加|
|图案叠加|外发光|投影|

图 5-89（续）

### 5.6.2　拷贝和粘贴图层样式

"拷贝图层样式"和"粘贴图层样式"命令是对多个图层应用相同样式效果的快捷方式。用鼠标右键单击要拷贝样式的图层，在弹出的菜单中选择"拷贝图层样式"命令；再选择要粘贴样式的图层，单击鼠标右键，在弹出的菜单中选择"粘贴图层样式"命令即可。

### 5.6.3　清除图层样式

当对图像所应用的样式不满意时，可以将样式进行清除。选中要清除样式的图层，单击鼠标右键，从菜单中选择"清除样式"按钮 🗑，即可将图像中添加的样式清除。

### 5.6.4　课堂案例——制作相框

🗒 **案例学习目标**

学习使用添加图层样式命令制作相框效果。

🗒 **案例知识要点**

使用添加图层样式命令添加图片的渐变描边；使用打开图片命令和移动工具添加相框。相框效果如图 5-90 所示。

图 5-90

🗒 **效果所在位置**

云盘/Ch05/效果/制作相框.psd。

（1）按 Ctrl+O 组合键，打开云盘中的"Ch05 > 素材 > 制作相框 > 01、02"文件，选择"移动"

117

工具 ，将 02 素材拖曳到 01 素材的图像窗口中，效果如图 5-91 所示，在"图层"控制面板中生成新的图层并将其命名为"图片"，如图 5-92 所示。

图 5-91 图 5-92

（2）单击"图层"控制面板下方的"添加图层样式"按钮 *fx*.，在弹出的菜单中选择"描边"命令，弹出对话框，在"填充类型"选项的下拉列表中选择"渐变"选项，单击"渐变"选项右侧的"点按可编辑渐变"按钮 ，弹出"渐变编辑器"对话框，在"位置"选项中分别输入 0、50、100 几个位置点，分别设置几个位置点颜色的 RGB 值为 0（255、255、255）、50（204、204、204）、100（255、255、255），如图 5-93 所示，单击"确定"按钮，返回到"描边"对话框，其他选项的设置如图 5-94 所示，单击"确定"按钮，效果如图 5-95 所示，相框制作完成，效果如图 5-96 所示。

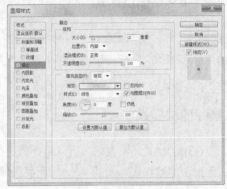

图 5-93 图 5-94

图 5-95 图 5-96

## 5.7 图层蒙版

在编辑图像时，可以为某一图层或多个图层添加蒙版，并对添加的蒙版进行编辑、隐藏、链接、删除等操作。

### 5.7.1　添加图层蒙版

单击"图层"控制面板下方的"添加图层蒙版"按钮 ▣，可以创建一个图层蒙版，如图 5-97 所示。按住 Alt 键的同时，单击"图层"控制面板下方的"添加图层蒙版"按钮 ▣，可以创建一个遮盖图层全部的蒙版，如图 5-98 所示。

选择"图层 > 图层蒙版 > 显示全部"命令，效果如图 5-97 所示。选择"图层 > 图层蒙版 > 隐藏全部"命令，效果如图 5-98 所示。

图 5-97　　　　　　　　　图 5-98

### 5.7.2　编辑图层蒙版

打开图像，"图层"控制面板和图像效果如图 5-99、图 5-100 所示。单击"图层"控制面板下方的"添加图层蒙版"按钮 ▣，为图层创建蒙版，如图 5-101 所示。

选择"画笔"工具 ✐，将前景色设置为黑色，"画笔"工具属性栏如图 5-102 所示，在图层的蒙版中按所需的效果进行涂抹，木马图像效果如图 5-103 所示。

图 5-99　　　　　　　　图 5-100　　　　　　　　图 5-101

图 5-102　　　　　　　　　　　　图 5-103

在"图层"控制面板中，图层的蒙版效果如图 5-104 所示。选择"通道"控制面板。控制面板中显示出图层的蒙版通道，如图 5-105 所示。

119

图 5-104

图 5-105

### 5.7.3　课堂案例——制作局部色彩效果

📋 **案例学习目标**

学习使用添加图层蒙版命令制作图片颜色的部分遮罩效果。

📋 **案例知识要点**

使用去色命令改变图片的颜色；使用添加图层蒙版命令和画笔工具制作局部颜色遮罩效果。局部彩色效果如图 5-106 所示。

图 5-106

📋 **效果所在位置**

云盘/Ch05/效果/制作局部色彩效果.psd。

（1）按 Ctrl+O 组合键，打开云盘中的"Ch05 > 素材 > 制作局部彩色效果 > 01"文件，效果如图 5-107 所示。

（2）将"背景"图层拖曳到控制面板下方的"创建新图层"按钮 🔳 上进行复制，生成新的图层"背景 拷贝"。按 Ctrl+Shift+U 组合键，去除图像颜色，效果如图 5-108 所示。

图 5-107

图 5-108

（3）单击"图层"控制面板下方的"添加图层蒙版"按钮 ▣ ，为"背景 拷贝"图层添加蒙版，如图 5-109 所示。将前景色设为黑色。选择"画笔"工具 ✏️ ，在茶壶图像上进行涂抹，显示出茶壶的颜色，效果如图 5-110 所示。

（4）按 Ctrl+O 组合键，打开云盘中的"Ch05 > 素材 > 制作局部彩色效果 > 02"文件。选择"移动"工具 ➕ ，将文字拖曳到图像窗口中的适当位置，效果如图 5-111 所示，在"图层"控制面板中生成新的图层并将其命名为"文字"。局部彩色效果制作完成。

图 5-109

图 5-110

图 5-111

## 5.8 剪贴蒙版

剪贴蒙版是使用某个图层的内容来遮盖其上方的图层，遮盖效果由基底图层决定。

打开一幅图片，如图 5-112 所示，"图层"控制面板中的效果如图 5-113 所示，按住 Alt 键的同时，将鼠标放置到"花"和"形状"图层的中间位置，鼠标光标变为 ⤵□，如图 5-114 所示。

图 5-112

图 5-113

图 5-114

单击鼠标左键，制作图层的剪贴蒙版，如图 5-115 所示，图像窗口中的效果如图 5-116 所示。用"移动"工具 ⊕ 可以随便移动"花"图层中的图像，效果如图 5-117 所示。

如果要取消剪贴蒙版，可以选中剪贴蒙版组中上方的图层，选择"图层 > 释放剪贴蒙版"命令，或按 Alt+Ctrl+G 组合键即可删除。

图 5-115

图 5-116

图 5-117

121

## 课堂练习——制作薄荷糖文字效果

### 练习知识要点

使用渐变工具、画笔工具和镜头光晕滤镜命令制作背景效果；使用横排文字工具以及多种图层样式命令制作文字特殊效果。薄荷糖文字效果如图 5-118 所示。

### 效果所在位置

云盘/Ch05/效果/制作薄荷糖文字效果.psd。

图 5-118

## 课后习题——制作下雪效果

### 习题知识要点

使用点状化滤镜命令添加图片的点状化效果；使用去色命令和混合模式命令调整图片的颜色。下雪效果如图 5-119 所示。

### 效果所在位置

云盘/Ch05/效果/制作下雪效果.psd。

图 5-119

# 第 6 章　使用通道与滤镜

本章主要介绍通道与滤镜的使用方法。通过对本章的学习，可以掌握通道的基本操作、通道蒙版的创建和使用方法，以及滤镜功能的使用技巧，以便能快速、准确地创作出生动精彩的图像。

| 课堂学习目标 | / 掌握通道的操作方法和技巧 |
| --- | --- |
| | / 了解运用通道蒙版编辑图像的方法 |
| | / 了解滤镜库的功能 |
| | / 掌握滤镜的应用方法 |
| | / 掌握滤镜的使用技巧 |

## 6.1　通道的操作

应用通道控制面板可以对通道进行创建、复制、删除等操作。

### 6.1.1　通道控制面板

通道控制面板可以用于管理所有的通道，并对通道进行编辑。

选择"窗口 > 通道"命令，弹出"通道"控制面板，如图 6-1 所示。

在"通道"控制面板的右上方有 2 个系统按钮 ，分别是"折叠为图标"按钮和"关闭"按钮。单击"折叠为图标"按钮可以将控制面板折叠，只显示图标。单击"关闭"按钮，可以将控制面板关闭。

在"通道"控制面板中，放置区用于存放当前图像中存在的所有通道。在通道放置区中，如果选中的只是其中的一个通道，则只有这个通道处于选中状态，通道上将出现一个深色条。如果想选中多个通道，可以按住 Shift 键，再单击其他通道。通道左侧的眼睛图标 👁 用于显示或隐藏颜色通道。

在"通道"控制面板的底部有 4 个工具按钮，如图 6-2 所示。

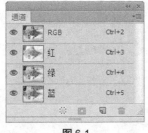

图 6-1

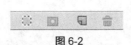

图 6-2

将通道作为选区载入 ⬚：用于将通道作为选择区域调出。

将选区存储为通道 ⬚：用于将选择区域存入通道中。

创建新通道 ⬜ ：用于创建或复制新的通道。

删除当前通道 🗑 ：用于删除图像中的通道。

### 6.1.2 创建新通道

在编辑图像的过程中，可以建立新的通道。

单击"通道"控制面板右上方的图标 ▾≡ ，弹出其命令菜单，选择"新建通道"命令，弹出"新建通道"对话框，如图 6-3 所示。

名称：用于设置当前通道的名称。

色彩指示：用于选择两种区域方式。

颜色：用于设置新通道的颜色。

不透明度：用于设置当前通道的不透明度。

单击"确定"按钮，"通道"控制面板中将创建一个新通道，即 Alpha 1，面板如图 6-4 所示。

图 6-3

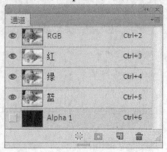

图 6-4

单击"通道"控制面板下方的"创建新通道"按钮 ⬜ ，也可以创建一个新通道。

### 6.1.3 复制通道

复制通道命令用于将现有的通道进行复制，产生相同属性的多个通道。

单击"通道"控制面板右上方的图标 ▾≡ ，弹出其命令菜单，选择"复制通道"命令，弹出"复制通道"对话框，如图 6-5 所示。

为：用于设置复制出的新通道的名称。

文档：用于设置复制通道的文件来源。

图 6-5

将"通道"控制面板中需要复制的通道拖曳到下方的"创建新通道"按钮 ⬜ 上，即可将所选的通道复制为一个新的通道。

### 6.1.4 删除通道

不用的或废弃的通道可以将其删除，以免影响操作。

单击"通道"控制面板右上方的图标 ▾≡ ，弹出其命令菜单，选择"删除通道"命令，即可将通道删除。

单击"通道"控制面板下方的"删除当前通道"按钮 ![icon]，弹出提示对话框，如图 6-6 所示，单击"是"按钮，将通道删除。也可将需要删除的通道直接拖曳到"删除当前通道"按钮 ![icon] 上进行删除。

图 6-6

### 6.1.5　课堂案例——使用通道更换照片背景

📋 **案例学习目标**

学习使用通道面板抠出人物。

📋 **案例知识要点**

使用通道控制面板、反相命令和画笔工具抠出人物；使用动感模糊滤镜命令制作人物的模糊投影；使用渐变映射命令调整图片的颜色。效果如图 6-7 所示。

📋 **效果所在位置**

图 6-7

云盘/Ch06/效果/使用通道更换照片背景.psd。

#### 1．抠出人物

（1）按 Ctrl+O 组合键，打开云盘中的"Ch06 > 素材 > 使用通道更换照片背景 > 01、02"文件，如图 6-8、图 6-9 所示。

图 6-8　　　　　　　　　图 6-9

（2）选中 02 素材文件。选择"通道"控制面板，选中"红"通道，将其拖曳到"通道"控制面板下方的"创建新通道"按钮 ![icon] 上进行复制，生成新的通道"红 拷贝"，如图 6-10 所示。按 Ctrl+I 组合键，将图像反相，图像效果如图 6-11 所示。

图 6-10　　　　　　　　　图 6-11

（3）将前景色设为白色。选择"画笔"工具 ，在属性栏中单击"画笔"选项右侧的按钮 ，弹出画笔选择面板，将"大小"选项设为 150 像素，将"硬度"选项设为 0%，在图像窗口中将人物部分涂抹为白色，效果如图 6-12 所示。将前景色设为黑色。在图像窗口的灰色背景上涂抹，效果如图 6-13 所示。

（4）按住 Ctrl 键的同时，单击"红 拷贝"通道，白色图像周围生成选区。选中"RGB"通道，选择"移动"工具 ，将选区中的图像拖曳到素材 01 文件窗口中的适当位置，效果如图 6-14 所示，在"图层"控制面板中生成新图层并将其命名为"人物图片"，如图 6-15 所示。

图 6-12　　　　　　　　图 6-13　　　　　　　　图 6-14　　　　　　　　图 6-15

### 2. 添加并调整图片颜色

（1）将"人物图片"图层拖曳到控制面板下方的"创建新图层"按钮 上进行复制，生成新图层"人物图片 拷贝"。选择"滤镜 > 模糊 > 动感模糊"命令，在弹出的对话框中进行设置，如图 6-16 所示，单击"确定"按钮，效果如图 6-17 所示。

（2）在"图层"控制面板中，将"人物图片 拷贝"图层拖曳到"人物图片"图层的下方，效果如图 6-18 所示。

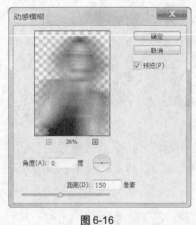  

图 6-16　　　　　　　　　　图 6-17　　　　　　　　图 6-18

（3）选择"人物图片"图层。单击"图层"控制面板下方的"创建新的填充或调整图层"按钮 ，在弹出的菜单中选择"渐变映射"命令，在"图层"控制面板中生成"渐变映射 1"图层，同时弹出"图案填充"对话框，单击"点按可编辑渐变"按钮 ，弹出"渐变编辑器"对话框，在"位置"选项中分别输入 0、41、100 三个位置点，分别设置三个位置点颜色的 RGB 值为 0（72、2、32），41（233、150、5），100（248、234、195），如图 6-19 所示，单击"确定"按钮，图像效果如图 6-20 所示。

图 6-19　　　　　　　　　　　　　图 6-20

（4）将前景色设为黑色。选择"横排文字"工具 T ，分别输入文字并选取文字，选择"窗口 >
字符"命令，在弹出的面板中进行设置，如图 6-21 所示。分别选取文字，在属性栏中选择合适的字
体并设置大小，效果如图 6-22 所示，在控制面板中分别生成新的文字图层。

图 6-21　　　　　　　　　　　　　图 6-22

（5）选择"MUSIC"文字图层，按 Ctrl+T 组合键，在图形周围出现变换框，将鼠标光标放在变
换框的控制手柄外边，光标变为旋转图标 ，拖曳鼠标将图形旋转到适当的角度，按 Enter 键确认
操作，如图 6-23 所示。使用相同的方法旋转其他文字，效果如图 6-24 所示。使用通道更换照片背景
效果制作完成。

图 6-23　　　　　　　　　　　　　图 6-24

## 6.2　通道蒙版

在通道中可以快速地创建蒙版，还可以存储蒙版。

### 6.2.1　快速蒙版的制作

选择快速蒙版命令，可以使图像快速地进入蒙版编辑状态。打开一幅图像，效果如图 6-25 所示。选择"快速选择"工具，在快速选择工具属性栏中进行设定，如图 6-26 所示。选择花朵图形，如图 6-27 所示。

<table>
<tr><td>图 6-25</td><td>图 6-26</td><td>图 6-27</td></tr>
</table>

单击工具箱下方的"以快速蒙版模式编辑"按钮，进入蒙版状态，选区暂时消失，图像的未选择区域变为红色，如图 6-28 所示。"通道"控制面板中将自动生成快速蒙版，如图 6-29 所示。快速蒙版图像如图 6-30 所示。

<table>
<tr><td>图 6-28</td><td>图 6-29</td><td>图 6-30</td></tr>
</table>

> 提示
>
> 系统预设的蒙版颜色为半透明的红色。

选择"画笔"工具，在画笔工具属性栏中进行设定，如图 6-31 所示。将快速蒙版中的花朵图形绘制成白色，图像效果和快速蒙版如图 6-32、图 6-33 所示。

<table>
<tr><td>图 6-31</td><td>图 6-32</td><td>图 6-33</td></tr>
</table>

### 6.2.2　在 Alpha 通道中存储蒙版

可以将编辑好的蒙版存储到 Alpha 通道中。

用选取工具选中花，生成选区，效果如图 6-34 所示。选择"选择 > 存储选区"命令，弹出"存储选区"对话框，如图 6-35 所示进行设定，单击"确定"按钮，建立通道蒙版"花"。或单击"通道"控制面板中的"将选区存储为通道"按钮 ▣ ，建立通道蒙版"花"，效果如图 6-36 和图 6-37 所示。

图 6-34　　　　　　图 6-35　　　　　　　　图 6-36　　　　　　　　图 6-37

将图像保存，再次打开图像时，选择"选择 > 载入选区"命令，弹出"载入选区"对话框，如图 6-38 所示进行设定，单击"确定"按钮，将"花"通道的选区载入。或单击"通道"控制面板中的"将通道作为选区载入"按钮 ⊙ ，将"花"通道作为选区载入，效果如图 6-39 所示。

图 6-38　　　　　　　　　　　　图 6-39

### 6.2.3　课堂案例——使用快速蒙版更换背景

📋 **案例学习目标**

学习使用快速蒙版按钮和画笔工具抠出人物图片并更换背景。

📋 **案例知识要点**

使用添加图层蒙版按钮、以快速蒙版模式编辑按钮、画笔工具和以标准模式编辑按钮更改图片的背景；使用添加图层样式命令为人物图像添加投影。使用快速蒙版更换背景效果如图 6-40 所示。

图 6-40

📋 **效果所在位置**

云盘/Ch06/效果/使用快速蒙版更换背景.psd。

（1）按 Ctrl+O 组合键，打开云盘中的"Ch06> 素材 > 使用快速蒙版更换背景 > 01、02"文件，

129

效果如图 6-41 和图 6-42 所示。

图 6-41　　　　　　　　　　　图 6-42

（2）选择"移动"工具 ，将 02 图片拖曳到 01 图像窗口中，效果如图 6-43 所示，在"图层"控制面板中生成新的图层并将其命名为"人物图片"。

（3）单击"图层"控制面板下方的"添加图层蒙版"按钮 ，为"人物图片"图层添加蒙版，如图 6-44 所示。单击工具箱下方的"以快速蒙版模式编辑"按钮 ，进入快速蒙版编辑模式。将前景色设为黑色。选择"画笔"工具 ，在属性栏中单击"画笔"选项右侧的按钮 ，弹出画笔选择面板，将"大小"选项设为 150 像素，将"硬度"选项设为 100%，在图像窗口中拖曳鼠标涂抹人物图像，涂抹后的区域变为红色，如图 6-45 所示。

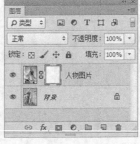

图 6-43　　　　　　　　　图 6-44　　　　　　　　　图 6-45

（4）单击工具箱下方的"标准屏幕模式"按钮 ，返回标准屏幕模式，红色区域以外的部分生成选区，如图 6-46 所示。单击选中"人物图片"图层的图层蒙版缩览图，填充选区为黑色，效果如图 6-47 所示。按 Ctrl+D 组合键，取消选区。

图 6-46　　　　　　　　　图 6-47

（5）单击"图层"控制面板下方的"添加图层样式"按钮 ，在弹出的菜单中选择"投影"命令，在弹出的对话框中进行设置，如图 6-48 所示，单击"确定"按钮，效果如图 6-49 所示。

（6）按 Ctrl + O 组合键，打开云盘中的"Ch06 > 素材 > 使用快速蒙版更换背景 > 03"文件，选择"移动"工具 ，将 03 图片拖曳到图像窗口的适当位置，效果如图 6-50 所示，在"图层"控制面板中生成新图层并将其命名为"文字"。使用快速蒙版更换背景制作完成。

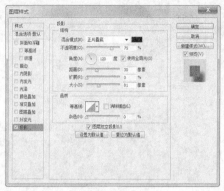

图 6-48　　　　　　　　　　　　　图 6-49　　　　　　　图 6-50

## 6.3　滤镜库的功能

在 Photoshop CC 的滤镜库中，常用滤镜组被组合在一个面板中，以折叠菜单的方式显示，并为每一个滤镜提供了直观的效果预览，使用十分方便。

选择"滤镜 > 滤镜库"命令，弹出"滤镜库"对话框。在对话框中部为滤镜列表，每个滤镜组下面包含了多个特色滤镜。单击需要的滤镜组，可以浏览到滤镜组中的各个滤镜和其相应的滤镜效果。

在"滤镜库"对话框中可以创建多个效果图层，每个图层可以应用不同的滤镜，从而使图像产生多个滤镜叠加后的效果。

为图像添加"强化的边缘"滤镜，如图 6-51 所示，单击"新建效果图层"按钮 ，生成新的效果图层，如图 6-52 所示。为图像添加"喷溅"滤镜，2 个滤镜叠加后的效果如图 6-53 所示。

图 6-51

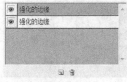

图 6-52

图 6-53

## 6.4 滤镜的应用

Photoshop CC 的滤镜菜单下提供了多种滤镜，选择这些滤镜命令，可以制作出奇妙的图像效果。单击"滤镜"菜单，弹出如图 6-54 所示的下拉菜单。Photoshop CC 滤镜菜单被分为 6 部分，并用横线划分开。

第 1 部分为最近一次使用的滤镜。如果没有使用滤镜，此命令为灰色，不可选择。使用任意一种滤镜后，当需要重复使用这种滤镜时，只要直接选择这种滤镜或按 Ctrl+F 组合键，即可重复使用。

第 2 部分为转换为智能滤镜，智能滤镜可随时进行修改操作。

第 3 部分为 6 种 Photoshop CC 滤镜，每个滤镜的功能都十分强大。

第 4 部分为 9 种 Photoshop CC 滤镜组，每个滤镜组中都包含多个子滤镜。

第 5 部分为 Digimarc 滤镜。

第 6 部分为浏览联机滤镜。

图 11-54

### 6.4.1 杂色滤镜

杂色滤镜可以向图像随机添加一些杂色点，也可以淡化某些杂色点。杂色滤镜的子菜单项如图 6-55 所示。应用不同的滤镜制作出的效果如图 6-56 所示。

原图

减少杂色

蒙尘与划痕

图 6-55　　　　　　　　　　　　　　图 6-56

### 6.4.2　渲染滤镜

渲染滤镜可以用于在图片中产生照明的效果，它可以产生不同的光源效果和夜景效果。渲染滤镜的子菜单如图 6-57 所示，应用不同的滤镜制作出的效果如图 6-58 所示。

图 6-57　　　　　　　　　　　　　　图 6-58

### 6.4.3　课堂案例——制作怀旧照片

📋 **案例学习目标**

学习使用添加杂色滤镜命令为图片添加杂色。

133

📋 **案例知识要点**

使用去色命令将图片变为黑白效果；使用亮度/对比度命令调整图片的亮度；使用添加杂色滤镜命令为图片添加杂色；使用变化命令、云彩滤镜命令和纤维滤镜命令制作怀旧色调。怀旧照片效果如图 6-59 所示。

📋 **效果所在位置**

图 6-59

云盘/Ch06/效果/制作怀旧照片.psd。

**1．调整图片颜色**

（1）按 Ctrl+O 组合键，打开云盘中的"Ch06 > 素材 > 制作怀旧照片 > 01"文件，效果如图 6-60 所示。将"背景"图层拖曳到控制面板下方的"创建新图层"按钮 □ 上进行复制，生成新图层"背景 拷贝"。选择"图像 > 调整 > 去色"命令，去除图像颜色，效果如图 6-61 所示。

（2）选择"图像 > 调整 > 亮度/对比度"命令，在弹出的对话框中进行设置，如图 6-62 所示，单击"确定"按钮，效果如图 6-63 所示。

图 6-60

图 6-61

图 6-62

图 6-63

（3）选择"滤镜 > 杂色 > 添加杂色"命令，在弹出的对话框中进行设置，如图 6-64 所示。单击"确定"按钮，效果如图 6-65 所示。

图 6-64

图 6-65

**2．制作怀旧效果**

（1）选择"图像 > 调整 > 变化"命令，弹出"变化"对话框，单击 2 次"加深红色"缩略图，再单击 2 次"加深黄色"缩略图，如图 6-66 所示。单击"确定"按钮，图像效果如图 6-67 所示。

图 6-66　　　　　　　　　　　　　　　图 6-67

（2）新建图层并将其命名为"滤镜效果"。按 D 键，在工具箱中将前景色和背景色恢复成默认的黑、白两色。选择"滤镜 > 渲染 > 云彩"命令，效果如图 6-68 所示。

（3）选择"滤镜 > 渲染 > 纤维"命令，在弹出的对话框中进行设置，如图 6-69 所示。单击"确定"按钮，效果如图 6-70 所示。

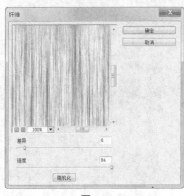

图 6-68　　　　　　　　　图 6-69　　　　　　　　　图 6-70

（4）在"图层"控制面板上方，将"滤镜效果"图层的混合模式设为"颜色加深"，"不透明度"选项设为 60%，如图 6-71 所示，图像效果如图 6-72 所示。

图 6-71　　　　　　　　　图 6-72

（5）选择"横排文字"工具 T ，在属性栏中选择合适的字体并设置大小，输入文字并分别选取

135

文字，调整文字大小，效果如图 6-73 所示，在控制面板中分别生成新的文字图层。怀旧照片制作完成，效果如图 6-74 所示。

图 6-73              图 6-74

### 6.4.4　像素化滤镜

像素化滤镜可以用于将图像分块或将图像平面化。像素化滤镜的子菜单项如图 6-75 所示，应用不同滤镜制作出的效果如图 6-76 所示。

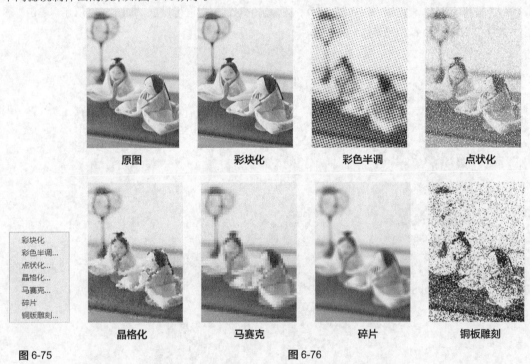

图 6-75          图 6-76

### 6.4.5　锐化滤镜

锐化滤镜可以用于产生更大的对比度来使图像清晰化和增强处理图像的轮廓，此组滤镜可减少图像修改后产生的模糊效果。锐化滤镜的子菜单项如图 6-77 所示，应用不同滤镜制作出的效果如图 6-78 所示。

图 6-77　　　　　　　　　　　　　　　　图 6-78

## 6.4.6　扭曲滤镜

扭曲滤镜可以用于产生一组从波纹到扭曲图像的变形效果。扭曲滤镜的子菜单项如图 6-79 所示。应用不同滤镜制作出的效果如图 6-80 所示。

图 6-79　　　　　　　　　　　　　　图 6-80

### 6.4.7 课堂案例——制作像素化效果

📋 **案例学习目标**

学习使用滤镜库命令、像素化滤镜命令制作像素化效果。

📋 **案例知识要点**

使用磁性套索工具勾出烛台图像；使用马赛克拼贴滤镜命令制作马赛克底图；使用马赛克滤镜命令、绘画涂抹滤镜命令和粗糙蜡笔滤镜命令制作烛台的像素化效果。像素化效果如图 6-81 所示。

📋 **效果所在位置**

云盘/Ch06/效果/制作像素化效果.psd。

**1. 勾出图像并制作马赛克底图**

（1）按 Ctrl+O 组合键，打开云盘中的"Ch06 > 素材 > 制作像素化效果 > 01"文件，效果如图 6-82 所示。选择"磁性套索"工具 ，沿着烛台边缘绘制烛台的轮廓，烛台边缘生成选区，效果如图 6-83 所示。按 Shift+Ctrl+I 组合键，将选区反选，如图 6-84 所示。

图 6-81　　　　　　　图 6-82　　　　　　　图 6-83　　　　　　　图 6-84

（2）选择"滤镜 > 滤镜库"命令，在弹出的对话框中进行设置，如图 6-85 所示。单击"确定"按钮，效果如图 6-86 所示。

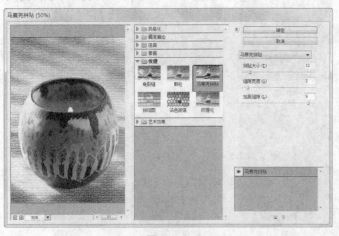 

图 6-85　　　　　　　　　　　　　　　　　　　　　　　图 6-86

**2.　制作烛台像素化效果**

（1）按 Shift+Ctrl+I 组合键，将选区反选。按 Ctrl+J 组合键，将选区内的图像复制，在"图层"控制面板中生成新的图层并将其命名为"烛台"。选择"滤镜 > 像素化 > 马赛克"命令，在弹出的对话框中进行设置，如图 6-87 所示，单击"确定"按钮，效果如图 6-88 所示。

图 6-87　　　　　　　　　　　　　　　　图 6-88

（2）选择"滤镜 > 滤镜库"命令，在弹出的对话框中进行设置，如图 6-89 所示。单击"确定"按钮，效果如图 6-90 所示。

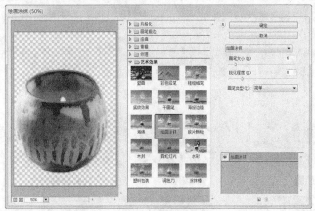

图 6-89　　　　　　　　　　　　　　　　图 6-90

（3）选择"滤镜 > 滤镜库"命令，在弹出的对话框中进行设置，如图 6-91 所示，单击"确定"按钮，效果如图 6-92 所示。

图 6-91　　　　　　　　　　　　　　　　图 6-92

（4）将前景色设为墨绿色（其 R、G、B 值分别为 16、53、0）。选择"横排文字"工具 T ，在属性栏中选择合适的字体并设置大小，在图像窗口中输入文字，如图 6-93 所示，在控制面板中生成新的文字图层。像素化效果制作完成，如图 6-94 所示。

图 6-93　　　　　　　　图 6-94

### 6.4.8　模糊滤镜

模糊滤镜可以用于使图像中过于清晰或对比度强烈的区域，产生模糊效果。此外，还可以用于制作柔和阴影效果。模糊滤镜的子菜单项如图 6-95 所示，应用不同滤镜制作出的效果如图 6-96 所示。

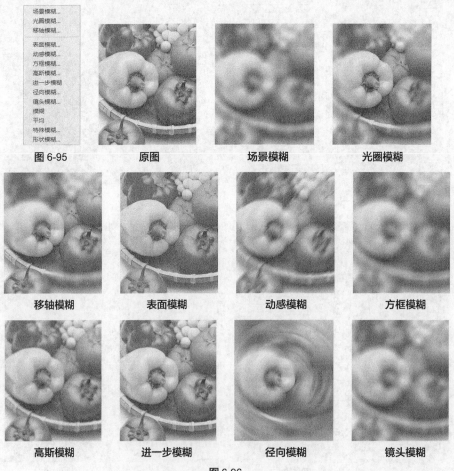

图 6-96

| 模糊 | 平均 | 特殊模糊 | 形状模糊 |

图 6-96（续）

### 6.4.9　风格化滤镜

风格化滤镜可以产生印象派以及其他风格画派作品的效果，它是完全模拟真实艺术手法进行创作的。风格化滤镜的子菜单如图 6-97 所示，应用不同滤镜制作出的效果如图 6-98 所示。

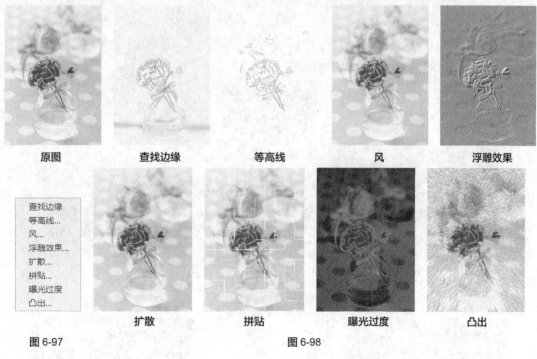

图 6-97　　　　　图 6-98

### 6.4.10　课堂案例——制作水彩画效果

📋 案例学习目标

学习使用滤镜库中的滤镜命令制作水彩画效果。

📋 案例知识要点

使用成角的线条滤镜命令调整图片色调；使用影印滤镜命令制作图片影印效果。如图 6-99 所示。

图 6-99

141

效果所在位置

云盘/Ch06/效果/制作水彩画效果.psd。

### 1．添加图片颗粒效果

（1）按 Ctrl+O 组合键，打开云盘中的"Ch06＞素材＞制作水彩画效果＞01"文件，效果如图 6-100 所示。将"背景"图层拖曳到控制面板下方的"创建新图层"按钮 ▣ 上进行复制，生成新的图层"背景 拷贝"。

（2）选择"滤镜＞滤镜库"命令，在弹出的对话框中进行设置，如图 6-101 所示。单击"确定"按钮，效果如图 6-102 所示。

（3）将"背景 拷贝"图层连续两次拖曳到控制面板下方的"创建新图层"按钮 ▣ 上进行复制，生成"背景 拷贝 2"和"背景 拷贝 3"图层。单击"背景 拷贝 2"和"背景 拷贝 3"图层左侧的眼睛图标 ◉，将图层隐藏。选中"背景 拷贝"图层，单击"图层"控制面板下方的"添加图层蒙版"按钮 ▣ ，为"背景 拷贝"图层添加蒙版，如图 6-103 所示。

（4）将前景色设为黑色。选择"画笔"工具 ✐ ，在属性栏中单击"画笔"选项右侧的按钮 ⌄ ，弹出画笔选择面板，将"大小"选项设为 200 像素，将"硬度"选项设为 0%，在图像窗口中拖曳光标擦除不需要的图像，效果如图 6-104 所示。

图 6-100         图 6-101

图 6-102      图 6-103      图 6-104

### 2．制作水彩画效果

（1）单击"背景 拷贝 2"图层左侧的空白图标 ▢，显示并选中该图层。选择"滤镜＞风格化＞查找边缘"命令，效果如图 6-105 所示。将"背景 拷贝 2"图层的混合模式设为"叠加"，"不透明度"选项设为 90%，如图 6-106 所示，图像效果如图 6-107 所示。

图 6-105

图 6-106

图 6-107

（2）单击"背景 拷贝 3"图层左侧的空白图标 □，显示并选中该图层。选择"滤镜 > 滤镜库"命令，在弹出的对话框中进行设置，如图 6-108 所示，单击"确定"按钮，图像效果如图 6-109 所示。

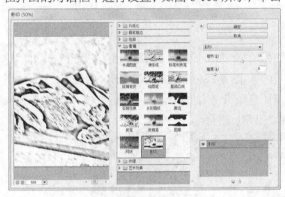
图 6-108

图 6-109

（3）将"背景 拷贝 3"图层的混合模式设为"柔光"，"不透明度"选项设为 80%，如图 6-110 所示，图像效果如图 6-111 所示。水彩画效果制作完成。

图 6-110

图 6-111

## 6.5 滤镜使用技巧

重复使用滤镜、对局部图像使用滤镜，可以使图像产生更加丰富、生动的变化。

### 6.5.1 重复使用滤镜

如果在使用一次滤镜后，效果不理想，可以按 Ctrl+F 组合键，重复使用滤镜。重复使用晶格化滤镜的不同效果如图 6-112 所示。

图 6-112

### 6.5.2 对图像局部使用滤镜

对图像局部使用滤镜，是常用的处理图像的方法。在要应用的图像上绘制选区，如图 6-113 所示。对选区中的图像使用墨水轮廓滤镜，效果如图 6-114 所示。如果对选区进行羽化后再使用滤镜，就可以得到与原图融为一体的效果。在"羽化选区"对话框中设置羽化的数值，如图 6-115 所示，对选区进行羽化后再使用滤镜得到的效果如图 6-116 所示。

图 6-113　　　　　　　　　图 6-114

图 6-115　　　　　　　　　图 6-116

# 课堂练习——制作风景油画

### 练习知识要点

使用多种滤镜库命令和图层样式命令制作油画效果；使用移动工具添加装饰边框。风景油画效果如图 6-117 所示。

### 效果所在位置

云盘/Ch06/效果/制作风景油画.psd。

图 6-117

# 课后习题——制作美丽夕阳插画

### 习题知识要点

使用画笔工具绘制背景图形；使用横排文字工具和图层样式工具制作文字。美丽夕阳插画效果如图 6-118 所示。

### 效果所在位置

云盘/Ch06/效果/制作美丽夕阳插画.psd。

图 6-118

# 第 7 章　插画设计

现代插画艺术发展迅速，已经被广泛应用于杂志、报纸、广告、包装和纺织品领域。使用 Photoshop CC 绘制的插画简洁明快、独特新颖，已经成为最流行的插画表现形式。本章以多个主题的插画为例，讲解插画的多种绘制表现方法和制作技巧。

**课堂学习目标**

/ 了解插画的应用领域
/ 了解插画的分类
/ 了解插画的风格特点
/ 掌握插画的绘制思路
/ 掌握插画的绘制方法和技巧

## 7.1　插画设计概述

插画，就是用来解释说明一段文字的图画。广告、杂志、说明书、海报、书籍、包装等平面的作品中，凡是用来"解释说明"的都可以被称为插画。

### 7.1.1　插画的应用领域

通行于国外市场的商业插画包括出版物插图、卡通吉祥物插图、影视与游戏美术设计插图和广告插画 4 种形式。在中国，插画已经遍布于平面和电子媒体、商业场馆、公众机构、商品包装、影视演艺海报、企业广告，甚至 T 恤、日记本和贺年片。

### 7.1.2　插画的分类

插画的种类繁多，可以分为商业广告类插画、海报招贴类插画、儿童读物类插画、艺术创作类插画、流行风格类插画，如图 7-1 所示。

### 7.1.3　插画的风格特点

插画的风格和表现形式多样，有抽象手法的、写实手法的、黑白的、彩色的、运用材料的、照片的、电脑制作的，现代插画运用到的技术手段更加丰富。

商业广告类插画　　　海报招贴类插画　　　儿童读物类插画

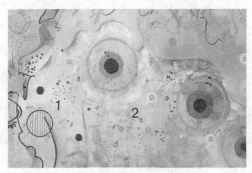

艺术创作类插画　　　流行风格类插画

图 7-1

## 7.2　绘制茶艺人物插画

### 7.2.1　案例分析

茶艺人物插画是报纸杂志、商业广告中经常会用到的插画内容。现代时尚的插画风格和清新独特的内容，可以为报纸、杂志、商业广告增色不少。本例是为杂志中的时尚栏目设计创作的插画，画面要表现现代都市青年女性在假期中轻松快意的生活。

在绘制思路上，用一个身着中国特色服饰旗袍的女孩，闭目凝神端着茶杯，在享受着品茶的美妙滋味。少女周围的环境别有风味，古色古香的茶楼以及悬挂的大红灯笼都具有浓厚的中国传统特色，充分体现了茶艺的美妙。

本例将使用钢笔工具来绘制人物，使用路径转化为选区命令和填充命令为人体各部分填充需要的颜色，使用画笔工具和描边命令制作衣服细节，使用移动工具添加插画素材。

### 7.2.2　案例设计

本案例设计流程如图 7-2 所示。

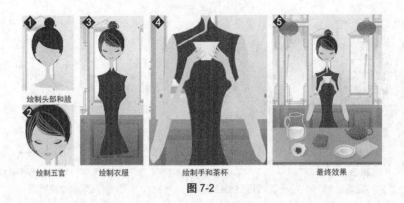

绘制头部和脸　　绘制五官　　绘制衣服　　绘制手和茶杯　　最终效果

图 7-2

### 7.2.3　案例制作

**1．绘制头部**

（1）按 Ctrl+N 组合键新建一个文件，宽度为 4.5 厘米，高度为 6 厘米，分辨率为 300 像素/英寸，颜色模式为 RGB，背景内容为白色，单击"确定"按钮。

（2）按 Ctrl+O 组合键，打开云盘中的"Ch07 > 素材 > 绘制茶艺人物插画 > 01"文件。选择"移动"工具，将图片拖曳到图像窗口中的适当位置，效果如图 7-3 所示。在"图层"控制面板中生成新的图层并将其命名为"背景图片"。

（3）单击"图层"控制面板下方的"创建新组"按钮，生成新的图层组并将其命名为"头部"。新建图层并将其命名为"头发"。选择"钢笔"工具，在属性栏的"选择工具模式"选项中选择"路径"，在图像窗口中拖曳鼠标绘制路径，如图 7-4 所示。

（4）按 Ctrl+Enter 组合键，将路径转化为选区。将前景色设为黑色。按 Alt+Delete 组合键，用前景色填充选区，按 Ctrl+D 组合键，取消选区，效果如图 7-5 所示。

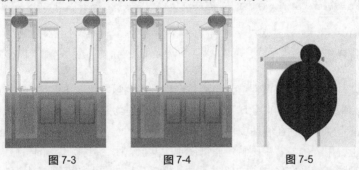

图 7-3　　　　　　　　图 7-4　　　　　　　　图 7-5

（5）新建图层并将其命名为"脸部"。选择"钢笔"工具，在图像窗口中拖曳鼠标绘制路径，如图 7-6 所示。按 Ctrl+Enter 组合键将路径转化为选区。将前景色设为肤色（其 R、G、B 的值分别为 253、206、163），按 Alt+Delete 组合键用前景色填充选区。按 Ctrl+D 组合键取消选区，效果如图 7-7 所示。

（6）新建图层并将其命名为"发丝"。将前景色设为酒红色（其 R、G、B 的值分别为 166、48、36）。选择"画笔"工具，在属性栏中单击"画笔"选项右侧的按钮，在弹出的画笔选择面板中选择需要的画笔形状，如图 7-8 所示。在图像窗口中适当的位置拖曳鼠标绘制图形，效果如图 7-9 所示。

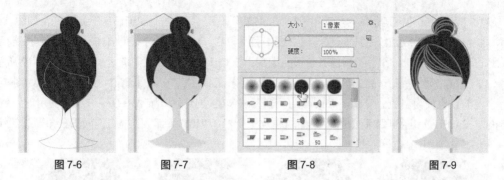

图 7-6　　　　　　图 7-7　　　　　　图 7-8　　　　　　图 7-9

（7）新建图层并将其命名为"眼睛"。选择"钢笔"工具 ，在图像窗口中拖曳鼠标绘制两个路径，如图 7-10 所示。按 Ctrl+Enter 组合键将路径转化为选区。将前景色设为浅黄色（其 R、G、B 的值分别为 251、185、128）。按 Alt+Delete 组合键用前景色填充选区，按 Ctrl+D 组合键取消选区，效果如图 7-11 所示。

（8）新建图层并将其命名为"眼影"。选择"钢笔"工具 ，在图像窗口中绘制两个路径，如图 7-12 所示。将前景色设为土黄色（其 R、G、B 的值分别为 235、158、87）。按 Ctrl+Enter 组合键将路径转换为选区。按 Alt+Delete 组合键用前景色填充选区，按 Ctrl+D 组合键取消选区，效果如图 7-13 所示。

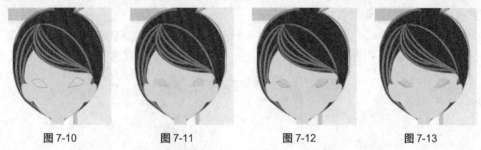

图 7-10　　　　　　图 7-11　　　　　　图 7-12　　　　　　图 7-13

（9）新建图层并将其命名为"眼睫毛"。选择"钢笔"工具 ，在图像窗口中绘制两个路径，如图 7-14 所示。将前景色设为黑色。按 Ctrl+Enter 组合键将路径转换为选区。按 Alt+Delete 组合键用前景色填充选区，按 Ctrl+D 组合键取消选区，效果如图 7-5 所示。

（10）新建图层并将其命名为"鼻子"。选择"钢笔"工具 ，在图像窗口中绘制路径，如图 7-16 所示。将前景色设为土黄色（其 R、G、B 的值分别为 235、158、87）。按 Ctrl+Enter 组合键将路径转换为选区。按 Alt+Delete 组合键用前景色填充选区，按 Ctrl+D 组合键取消选区，效果如图 7-17 所示。

图 7-14　　　　　　图 7-15　　　　　　图 7-16　　　　　　图 7-17

（11）新建图层并将其命名为"嘴"。选择"钢笔"工具 ∅，在图像窗口中绘制路径，如图 7-18 所示。将前景色设为玫红色（其 R、G、B 的值分别为 242、102、98）。按 Ctrl+Enter 组合键将路径转换为选区。按 Alt+Delete 组合键用前景色填充选区，按 Ctrl+D 组合键取消选区，效果如图 7-19 所示。

（12）新建图层并将其命名为"嘴 1"。选择"钢笔"工具 ∅，在图像窗口中绘制路径，如图 7-20 所示。将前景色设为白色。按 Ctrl+Enter 组合键将路径转换为选区。按 Alt+Delete 组合键用前景色填充选区，按 Ctrl+D 组合键取消选区，效果如图 7-21 所示。单击"头部"图层组前面的三角形按钮 ▼，将"头部"图层组隐藏。

图 7-18          图 7-19          图 7-20          图 7-21

### 2．绘制身体部分

（1）新建图层组并将其命名为"身体"。新建图层并将其命名为"身体"。选择"钢笔"工具 ∅，在图像窗口中绘制路径，如图 7-22 所示。

（2）将前景色设为咖啡色（其 R、G、B 的值分别为 75、1、1）。按 Ctrl+Enter 组合键将路径转换为选区，按 Alt+Delete 组合键用前景色填充选区，按 Ctrl+D 组合键取消选区，如图 7-23 所示。

图 7-22          图 7-23

（3）新建图层并将其命名为"线 1"。选择"钢笔"工具 ∅，在图像窗口中绘制路径，如图 7-24 所示。将前景色设为黄色（其 R、G、B 的值分别为 255、234、0）。选择"画笔"工具 ✎，在属性栏中单击"画笔"选项右侧的按钮 ∨，在画笔选择面板中选择需要的画笔形状，如图 7-25 所示。

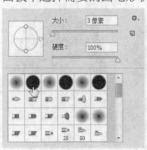

图 7-24          图 7-25

（4）选择"路径选择"工具 ，选取路径，单击鼠标右键，在弹出的菜单中选择"描边路径"命令，弹出"路径描边"对话框，单击"确定"按钮，按 Enter 键，将路径隐藏，效果如图 7-26 所示。用相同的方法绘制其他图形，并填充相同的颜色，效果如图 7-27 所示。

图 7-26　　　　　　　　　　图 7-27

（5）新建图层并将其命名为"手臂"。选择"钢笔"工具 ，在图像窗口中拖曳鼠标绘制两条路径，如图 7-28 所示。按 Ctrl+Enter 组合键将路径转化为选区。将前景色设为肤色（其 R、G、B 的值分别为 253、206、163），按 Alt+Delete 组合键用前景色填充选区。按 Ctrl+D 组合键取消选区，效果如图 7-29 所示。

图 7-28　　　　　　　　　　图 7-29

（6）新建图层并将其命名为"茶杯"。选择"钢笔"工具 ，在图像窗口中拖曳鼠标绘制路径，如图 7-30 所示。按 Ctrl+Enter 组合键将路径转化为选区。将前景色设为淡黄色（其 R、G、B 的值分别为 255、255、213）。按 Alt+Delete 组合键用前景色填充选区，按 Ctrl+D 组合键取消选区，效果如图 7-31 所示。在"图层"控制面板中，将"茶杯"图层拖曳到"手臂"图层的下方，图像效果如图 7-32 所示。单击"头部"图层组前面的三角形按钮 ，将"身体"图层组隐藏。

（7）按 Ctrl+O 组合键，打开云盘中的"Ch07 > 素材 > 绘制茶艺人物插画 > 02"文件。选择"移动"工具 ，将图片拖曳到图像窗口中的适当位置并调整其大小，效果如图 7-33 所示，在"图层"控制面板中生成新的图层并将其命名为"桌子"。茶艺人物插画绘制完成。

图 7-30　　　　　　图 7-31　　　　　　图 7-32　　　　　　图 7-33

## 7.3 绘制咖啡生活插画

### 7.3.1 案例分析

咖啡生活插画是休闲类网站、杂志和报纸比较喜欢的宣传和表现形式之一。咖啡很受大众的喜爱，咖啡生活插画要表现出健康、休闲、浪漫的生活方式。插画的风格要体现出大众喜爱的一种生活态度，可以采用休闲的艺术手法来进行插画的绘制。

在设计思路上，通过深色并有质感的背景表现咖啡的浓郁和特色，通过简单随意的咖啡杯绘制点明插画的主题。咖啡杯的圆和点构成表现出独特的装饰感和律动感，画面简洁舒适，体现了咖啡生活浪漫悠闲的特点，让人感受到惬意。

本例将使用内阴影命令，纹理化滤镜命令制作纹理背景，使用钢笔工具，图层蒙版命令绘制咖啡杯，使用画笔工具、自由变换命令和描边路径命令制作装饰图形。

### 7.3.2 案例设计

本案例设计流程如图 7-34 所示。

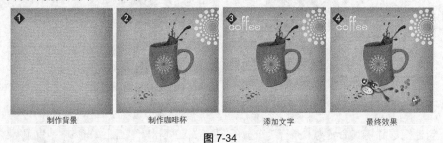

制作背景　　　　　　制作咖啡杯　　　　　　添加文字　　　　　　最终效果

图 7-34

### 7.3.3 案例制作

#### 1．制作背景效果

（1）按 Ctrl + N 组合键，新建一个文件：宽度为 10 厘米，高度为 10 厘米，分辨率为 300 像素/英寸，颜色模式为 RGB，背景内容为白色，单击"确定"按钮。双击"背景"图层，弹出"新建图层"对话框，选项的设置如图 7-35 所示，单击"确定"按钮，"图层"控制面板如图 7-36 所示。

图 7-35

图 7-36

（2）将前景色设为淡黄色（其 R、G、B 的值分别为 205、188、104），按 Alt＋Delete 组合键，用前景色填充"纹理背景"图层，效果如图 7-37 所示。单击"图层"控制面板下方的"添加图层样式"按钮 *fx.*，在弹出的菜单中选择"内阴影"命令，弹出"图层样式"对话框，将阴影颜色设为黑色，其他选项的设置如图 7-38 所示，单击"确定"按钮，效果如图 7-39 所示。

图 7-37　　　　　　　　　　　图 7-38　　　　　　　　　　　图 7-39

（3）选择"滤镜 ＞ 滤镜库"命令，在弹出的对话框中进行设置，如图 7-40 所示，单击"确定"按钮，效果如图 7-41 所示

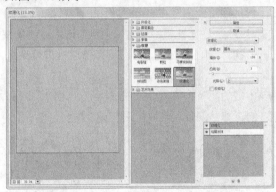 

图 7-40　　　　　　　　　　　图 7-41

## 2．制作咖啡杯

（1）新建图层并将其命名为"杯身"。将前景色设为红色（其 R、G、B 的值分别为 172、54、44）。选择"钢笔"工具 ，在属性栏的"选择工具模式"选项中选择"路径"，在图像窗口中绘制闭合路径，效果如图 7-42 所示。按 Ctrl+Enter 键，将路径转换为选区，按 Alt+Delete 组合键，用前景色填充选区，按 Ctrl+D 组合键取消选区，效果如图 7-43 所示。

 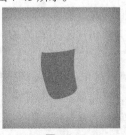

图 7-42　　　　　　　　　图 7-43

（2）新建图层并将其命名为"杯身 阴影 1"。将前景色设为橘红色（其 R、G、B 的值分别为 185、91、30）。选择"钢笔"工具 $\boxed{\oslash}$ ，在图像窗口中绘制需要的路径，效果如图 7-44 所示。按 Ctrl+Enter 键，将路径转换为选区，按 Alt+Delete 组合键，用前景色填充选区，按 Ctrl+D 组合键取消选区，效果如图 7-45 所示。

（3）选择"滤镜 > 杂色 > 添加杂色"命令，在弹出的对话框中进行设置，如图 7-46 所示，单击"确定"按钮，效果如图 7-47 所示。

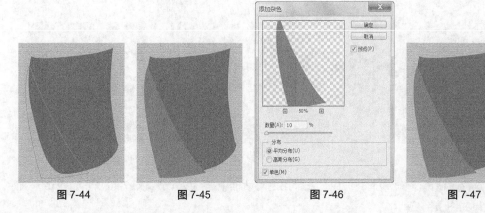

图 7-44　　　　图 7-45　　　　图 7-46　　　　图 7-47

（4）单击"图层"控制面板下方的"添加图层蒙版"按钮 $\boxed{\odot}$ ，为"杯身 阴影 1"图层添加蒙版。将前景色设为黑色。选择"画笔"工具 $\boxed{\diagup}$ ，在属性栏中单击"画笔"选项右侧的按钮 $\boxed{\cdot}$ ，在弹出的"画笔"选择面板中选择需要的画笔形状，如图 7-48 所示。在图像窗口中进行涂抹，效果如图 7-49 所示。

（5）在"图层"控制面板中，按住 Alt 键的同时，将鼠标放在"杯身 阴影 1"图层和"杯身"图层的中间，鼠标变为 $\boxed{\downarrow\square}$ ，单击鼠标，创建剪贴蒙版，效果如图 7-50 所示。

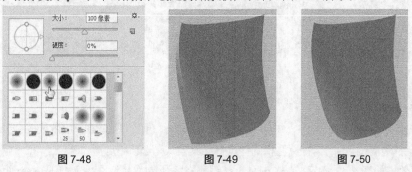

图 7-48　　　　　　图 7-49　　　　　　图 7-50

（6）新建图层并将其命名为"杯身 阴影 2"。将前景色设为深红色（其 R、G、B 的值分别为 95、33、15）。选择"钢笔"工具 $\boxed{\oslash}$ ，在图像窗口中绘制需要的路径，效果如图 7-51 所示。按 Ctrl+Enter 键，将路径转换为选区，按 Alt+Delete 组合键，用前景色填充选区，按 Ctrl+D 组合键取消选区，效果如图 7-52 所示。

（7）在"图层"控制面板中，按住 Alt 键的同时，将鼠标放在"杯身 阴影 2"图层和"杯身 阴影 1"图层的中间，鼠标变为 $\boxed{\downarrow\square}$ ，单击鼠标，创建剪贴蒙版，效果如图 7-53 所示。

（8）新建图层并将其命名为"杯身 阴影 3"。选择"钢笔"工具 $\boxed{\oslash}$ ，在图像窗口中绘制需要的路径，效果如图 7-54 所示。按 Ctrl+Enter 键，将路径转换为选区。

图 7-51

图 7-52

图 7-53

图 7-54

（9）选择"渐变"工具 ，单击属性栏中的"点按可编辑渐变"按钮 ▇▇▇▇▇▇ ，弹出"渐变编辑器"对话框，将渐变颜色设为从淡黑色（其 R、G、B 的值分别为 51、13、6）到白色，将"不透明度色标"的位置设为 100，"不透明"选项设为 0%，如图 7-55 所示，单击"确定"按钮。在选区上由右至左拖曳渐变色，按 Ctrl+D 组合键，取消选区，效果如图 7-56 所示。

图 7-55

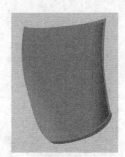

图 7-56

（10）新建图层并将其命名为"杯把"。将前景色设为红色（其 R、G、B 的值分别为 172、54、44）。选择"钢笔"工具 ，在图像窗口中绘制需要的路径，效果如图 7-57 所示。按 Ctrl+Enter 键，将路径转换为选区，按 Alt+Delete 组合键，用前景色填充选区，按 Ctrl+D 组合键取消选区，效果如图 7-58 所示。

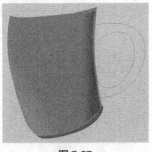

图 7-57

图 7-58

（11）新建图层并将其命名为"杯把 阴影 1"。将前景色设为深红色（其 R、G、B 的值分别为 95、33、15）。选择"钢笔"工具 ，在图像窗口中绘制需要的路径，效果如图 7-59 所示。按 Ctrl+Enter 键，将路径转换为选区。按 Alt+Delete 组合键，用前景色填充选区，按 Ctrl+D 组合键取消选区，效

155

果如图 7-60 所示。

（12）在"图层"控制面板中，按住 Alt 键的同时，将鼠标放在"杯把"图层和"杯把 阴影 1"图层的中间，鼠标变为 ↓□，单击鼠标，创建剪贴蒙版，效果如图 7-61 所示。使用相同方法制作其他阴影，效果如图 7-62 所示。

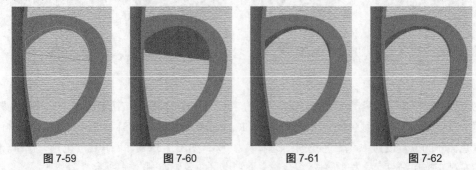

| 图 7-59 | 图 7-60 | 图 7-61 | 图 7-62 |

（13）新建图层并将其命名为"杯口"。将前景色设为红色（其 R、G、B 的值分别为 172、54、22）。选择"钢笔"工具 ，在图像窗口中绘制需要的路径，效果如图 7-63 所示。按 Ctrl+Enter 键，将路径转换为选区。按 Alt+Delete 组合键，用前景色填充选区，按 Ctrl+D 组合键取消选区，效果如图 7-64 所示。

| 图 7-63 | 图 7-64 |

（14）新建图层并将其命名为"杯口 阴影"。将前景色设为深红色（其 R、G、B 的值分别为 95、33、15）。选择"钢笔"工具 ，在图像窗口中绘制需要的路径，效果如图 7-65 所示。按 Ctrl+Enter 键，将路径转换为选区。按 Alt+Delete 组合键，用前景色填充选区，按 Ctrl+D 组合键取消选区，效果如图 7-66 所示。

| 图 7-65 | 图 7-66 |

（15）新建图层并将其命名为"杯口 阴影 1"。选择"钢笔"工具 ，在图像窗口中绘制需要

的路径，效果如图 7-67 所示。按 Ctrl+Enter 键，将路径转换为选区，效果如图 7-68 所示。

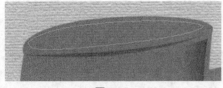

图 7-67                    图 7-68

（16）选择"渐变"工具，单击属性栏中的"点按可编辑渐变"按钮，弹出"渐变编辑器"对话框，将渐变颜色设为从黑色到深红色（其 R、G、B 的值分别为 95、33、15），如图 7-69 所示，单击"确定"按钮。在选区上由右下方向左上方拖曳渐变色，按 Ctrl+D 组合键，取消选区，效果如图 7-70 所示。

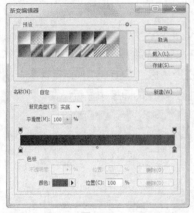

图 7-69                    图 7-70

（17）新建图层并将其命名为"咖啡 1"。选择"钢笔"工具，在图像窗口中绘制需要的路径，效果如图 7-71 所示。按 Ctrl+Enter 键，将路径转换为选区，效果如图 7-72 所示。

图 7-71                    图 7-72

（18）选择"渐变"工具，单击属性栏中的"点按可编辑渐变"按钮，弹出"渐变编辑器"对话框，在"位置"选项中分别输入 0、55、100 三个位置点，分别设置三个位置点颜色的 RGB 值为 0（8、1、3），55（69、34、20），100（46、29、18），如图 7-73 所示。在图像窗口中从左向右拖曳渐变色，效果如图 7-74 所示。使用相同方法制作"咖啡 2"、"咖啡 3"，效果如图 7-75 所示。

图 7-73　　　　　　　　　　　图 7-74　　　　　　　　　　　图 7-75

### 3．制作装饰图形

（1）新建图层并将其命名为"画笔"。选择"椭圆"工具 ，在属性栏的"选择工具模式"选项中选择"路径"，按住 Shift 键的同时，在图像窗口中拖曳鼠标绘制圆形，效果如图 7-76 所示。

（2）将前景色设为白色，选择"画笔"工具，在属性栏中单击"切换画笔面板"按钮，弹出"画笔"控制面板，选择"画笔笔尖形状"选项，切换到相应的面板中进行设置，如图 7-77 所示。

图 7-76　　　　　　　　　　　　　图 7-77

（3）选择"路径选择"工具，选取路径，在路径上单击鼠标右键，在弹出的菜单中选择"描边路径"命令，在弹出的对话框中进行设置，如图 7-78 所示，单击"确定"按钮，效果如图 7-79 所示。

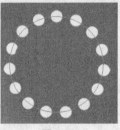

图 7-78　　　　　　　　　　　　图 7-79

（4）在路径上单击鼠标右键，在弹出的菜单中选择"自由变换路径"命令，按住 Shift+Alt 组合

键的同时，向内拖曳控制手柄，等比例缩小路径，按 Enter 键确认操作，效果如图 7-80 所示。选择
"画笔"工具 ，单击属性栏中的"切换画笔面板"按钮 ，选择"画笔笔尖形状"选项，切换到
相应的面板中进行设置，如图 7-81 所示。

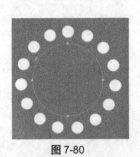

图 7-80

图 7-81

（5）选择"路径选择"工具 ，在路径上单击鼠标右键，在弹出的菜单中选择"描边路径"命
令，弹出对话框，单击"确定"按钮，效果如图 7-82 所示。用相同的方法再制作出多个图形，按 Enter
键，隐藏路径，效果如图 7-83 所示。

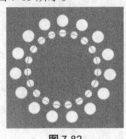

图 7-82

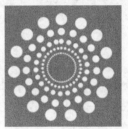

图 7-83

（6）在"图层"控制面板上方，将"画笔"图层的混合模式选项设为"叠加"，如图 7-84 所示，
图像效果如图 7-85 所示。

图 7-84

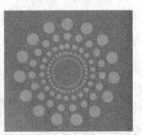

图 7-85

（7）按 Ctrl+J 组合键，复制"画笔"图层，生成新的图层"画笔 拷贝"。按 Ctrl+T 组合键，在
图像周围出现变换框，按住 Alt+Shift 键的同时，拖曳右上角的控制手柄等比例缩小图片，按 Enter
键确认操作。在"图层"控制面板上方，将"画笔 拷贝"图层的混合模式选项设为"正常"，"不透

明度"选项设为 60%，如图 7-86 所示，图像效果如图 7-87 所示。

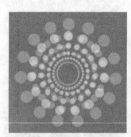

图 7-86                                    图 7-87

（8）按 Ctrl+J 组合键，复制"画笔 拷贝"图层，生成新的图层"画笔 拷贝 2"，选择"移动"工具，拖曳画笔图片到适当的位置并调整其大小，并将该图层的"不透明度"选项设为 80%，如图 7-88 所示，图像效果如图 7-89 所示。

图 7-88                                    图 7-89

（9）按 Ctrl＋O 组合键，打开云盘中的"Ch07＞素材＞咖啡生活插画＞01"文件，选择"移动"工具，将图片拖曳到图像窗口中适当的位置，效果如图 7-90 所示，在"图层"控制面板中生成新的图层并将其命名为"装饰"。

（10）新建图层并将其命名为"点"。将前景色设为咖啡色（其 R、G、B 的值分别为 59、31、22）。选择"椭圆"工具，在属性栏的"选择工具模式"选项中选择"像素"，在图像窗口中分别拖曳鼠标绘制多个椭圆，效果如图 7-91 所示。

（11）将前景色设为白色。选择"横排文字"工具，在适当的位置输入文字并选取文字，在属性栏中选择合适的字体并设置文字大小，效果如图 7-92 所示，在"图层"控制面板中生成新的文字图层。咖啡生活插画制作完成。

图 7-90                      图 7-91                      图 7-92

## 课堂练习 1——绘制时尚人物插画

图 7-93

📋 **练习知识要点**

使用渐变工具、自定义形状工具以及多种图层样式命令制作插画背景；使用钢笔工具、滤镜命令和椭圆工具制作脸部；使用矩形工具和创建剪切蒙版命令制作衣服效果。时尚人物插画效果如图 7-93 所示。

📖 **效果所在位置**

云盘/Ch07/效果/绘制时尚人物插画.psd。

## 课堂练习 2——绘制野外插画

图 7-94

📋 **练习知识要点**

使用渐变工具制作插画背景；使用钢笔工具、变形命令和图层蒙版命令制作彩虹；使用钢笔工具和添加图层样式按钮制作云；使用自定义形状工具和画笔工具为插画添加装饰图案。野外插画效果如图 7-94 所示。

📖 **效果所在位置**

云盘/Ch07/效果/绘制野外插画.psd。

## 课后习题 1——绘制兔子插画

📖 **习题知识要点**

使用椭圆选框工具、模糊命令以及添加图层样式命令制作月亮；使用钢笔工具、渐变工具制作兔子；使用自定义形状工具和画笔工具为兔子添加装饰图形。绘制兔子插画效果如图 7-95 所示。

📖 **效果所在位置**

云盘/Ch07/效果/绘制兔子插画.psd。

图 7-95

## 课后习题 2——绘制夏日风情插画

📖 **习题知识要点**

使使用钢笔工具绘制椰子图形；使用描边路径命令和画笔工具绘制椰丝图形；使用扩展命令扩展选区；使用移动工具添加装饰图形和文字图形。夏日风情插画效果如图 7-96 所示。

📖 **效果所在位置**

云盘/Ch07/效果/绘制夏日风情插画.psd。

图 7-96

# 第 8 章　照片模板设计

使用照片模板，可以为照片快速添加图案、文字和特效。照片模板主要用于日常照片的美化处理或影楼后期设计。从实用性和趣味性出发，可以为数码照片精心设计别具一格的模板。本章以多个主题的照片模板为例，讲解照片模板的设计与制作技巧。

| 课堂学习目标 | ／ 了解照片模板的功能 |
| --- | --- |
| | ／ 了解照片模板的特色和分类 |
| | ／ 掌握照片模板的设计思路 |
| | ／ 掌握照片模板的设计手法 |
| | ／ 掌握照片模板的制作技巧 |

## 8.1　照片模板设计概述

照片模板是把针对不同人群的照片根据不同的需要进行艺术加工，制作出独具匠心、可多次使用的模板，如图 8-1 所示。根据所针对人群年龄的不同，照片模板可分为儿童照片模板、青年照片模板、中年照片模板和老年照片模板；根据模板的设计形式的不同，可分为古典型模板、神秘型模板、豪华型模板等；根据用途的不同，可分为婚纱照片模板、写真照片模板、个性照片模板等。

图 8-1

幸福童年照片模板

### 8.2.1 案例分析

儿童照片模板主要是针对孩子们的生活喜好、个性特点，为孩子们量身设计出的多种新颖独特、童趣横生的模板。本例将通过对图片的合理编排，展示儿童的生活情趣，充分体现其快乐幸福的童年生活。

在设计思路上，通过背景装饰花形显示模板的活泼新颖；巧用相框设计，将孩子乖巧、伶俐的一面展示出来；最后用文字展示儿童的活泼和可爱。整体设计以绿色为主，将女孩纯真活泼的天性充分展现出来。

本例将使用矩形选框工具、渐变工具和动作面板制作背景，使用添加图层蒙版命令编辑照片和边框，使用横排文字工具添加文字，使用移动工具添加素材图片。

### 8.2.2 案例设计

本案例设计流程如图 8-2 所示。

制作背景效果　　　编辑模板文字

编辑人物图片　　　制作相框　　　　　　最终效果

图 8-2

### 8.2.3 案例制作

#### 1. 制作背景效果

（1）按 Ctrl+N 组合键，新建一个文件，宽度为 29.7 厘米，高度为 21 厘米，分辨率为 300 像素/英寸，颜色模式为 RGB，背景内容为白色，单击"确定"按钮。

（2）选择"渐变"工具 ▨，单击属性栏中的"点按可编辑渐变"按钮 ▨▨，弹出"渐变编辑器"对话框，将渐变色设为从绿色（其 R、G、B 值分别为 47、151、145）到浅绿色（其 R、G、B 值分别为 216、247、192），如图 8-3 所示，单击"确定"按钮。选中属性栏中的"径向渐变"按钮 ▨，在图像窗口中从左上往右下拖曳渐变色，效果如图 8-4 所示。

图 8-3

图 8-4

（3）新建图层并将其命名为“矩形”。选择“矩形选框”工具，在图像窗口的左侧绘制一个矩形选区。选择“渐变”工具，单击属性栏中的“点按可编辑渐变”按钮，弹出“渐变编辑器”对话框，将渐变色设为从草绿色（其 R、G、B 值分别为 99、193、97）到绿色（其 R、G、B 值分别为 84、162、139），如图 8-5 所示，单击“确定”按钮。在矩形选区中从下向上拖曳渐变色，按 Ctrl+D 组合键，取消选区，效果如图 8-6 所示。

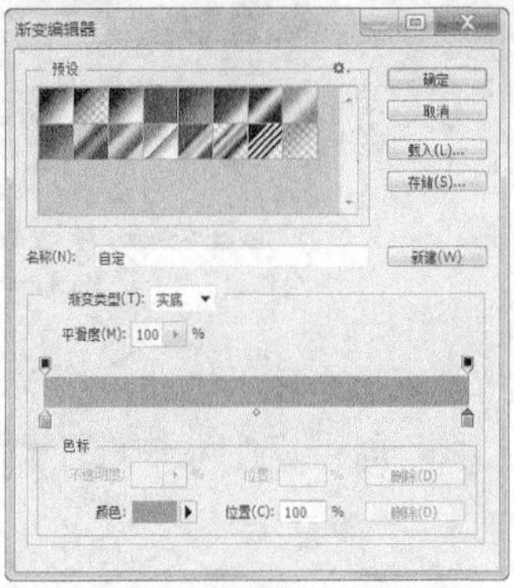


图 8-5

图 8-6

（4）按 Alt+F9 组合键，弹出“动作”控制面板。单击面板下方的“创建新动作”按钮，弹出“新建动作”对话框，如图 8-7 所示，单击“记录”按钮，开始记录动作。选择“移动”工具，按住 Alt+Shift 组合键的同时，水平向右拖曳图形到适当的位置，复制图形，效果如图 8-8 所示。

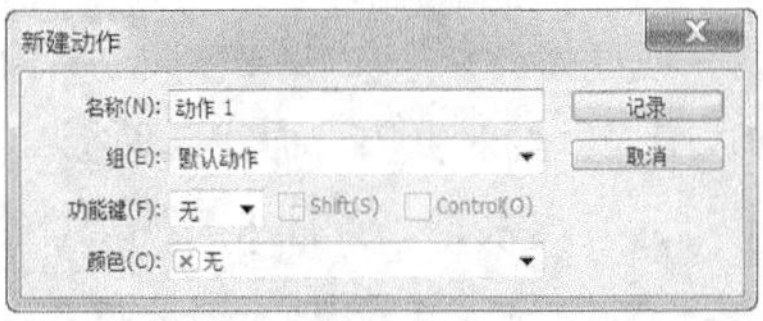


图 8-7

图 8-8

（5）单击“动作”控制面板下方的“停止播放/记录”按钮，如图 8-9 所示。多次单击“动作”控制面板下方的“播放选定的动作”按钮，复制出多个图形，效果如图 8-10 所示。

图 8-9              图 8-10

（6）按住 Shift 键的同时，选中所有的矩形图层，按 Ctrl+E 组合键，合并图层，并将其命名为"渐变矩形"。单击"图层"控制面板下方的"添加图层蒙版"按钮 ，为"渐变矩形"图层添加蒙版，如图 8-11 所示。选择"渐变"工具 ，将渐变色设为从黑色到白色。选中属性栏中的"线性渐变"按钮 ，按住 Shift 键的同时，在图像窗口中从下至上拖曳渐变色，效果如图 8-12 所示。在"图层"控制面板上方，将"渐变矩形"图层的不透明度设为 30%，图像效果如图 8-13 所示。

图 8-11              图 8-12              图 8-13

（7）选择"矩形选框"工具 ，在图像窗口中绘制一个矩形选区，如图 8-14 所示。按 Shift+Ctrl+I 组合键，将选区反选。按 Shift+F6 组合键，在弹出的"羽化选区"对话框中进行设置，如图 8-15 所示，单击"确定"按钮，将选区羽化。

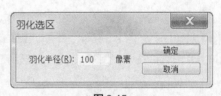

图 8-14              图 8-15

（8）单击"图层"控制面板下方的"创建新的填充或调整图层"按钮 ，在弹出的菜单中选择"曲线"命令，在"图层"控制面板中生成"曲线 1"图层，同时弹出"曲线"面板，在曲线上单击鼠标添加控制点，将"输入"选项设为 184，"输出"选项设为 69，如图 8-16 所示，图像效果如图 8-17 所示。

166

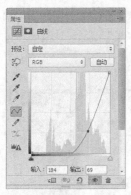

图 8-16　　　　　　　　　　　　图 8-17

### 2. 添加并编辑照片和边框

（1）按 Ctrl+O 组合键，打开云盘中的"Ch08 > 素材 > 幸福童年照片模板 > 01"文件。选择"移动"工具 ，将 01 图片拖曳到图像窗口中的适当位置并调整其大小，效果如图 8-18 所示，在"图层"控制面板中生成新的图层并将其命名为"人物"。

（2）拖曳"人物"图层到"图层"控制面板下方的"创建新图层"按钮 上进行复制，生成新的图层"人物 拷贝"。单击该图层左侧的眼睛图标 ，隐藏图层，如图 8-19 所示。选中"人物"图层，在"图层"控制面板上方，将该图层的混合模式设为"叠加"，图像效果如图 8-20 所示。

图 8-18　　　　　　　　　　图 8-19　　　　　　　　　　图 8-20

（3）单击"图层"控制面板下方的"添加图层蒙版"按钮 ，为"人物"图层添加蒙版，如图 8-21 所示。选择"渐变"工具 ，将渐变色设为从黑色到白色，在图像窗口中从下至上拖曳渐变色，效果如图 8-22 所示。

图 8-21　　　　　　　　　　　　图 8-22

（4）单击"人物 拷贝"图层左侧的空白图标 ，显示图层并将其选取，如图 8-23 所示。在"图层"控制面板上方，将该图层的混合模式设为"正片叠底"，图像效果如图 8-24 所示。单击"图层"控制面板下方的"添加图层蒙版"按钮 ▣ ，为"人物 拷贝"图层添加蒙版。选择"渐变"工具 ▣ ，在图像窗口中从下至上拖曳渐变色，效果如图 8-25 所示。

图 8-23            图 8-24            图 8-25

（5）按 Ctrl+O 组合键，打开云盘中的"Ch08 > 素材 > 幸福童年照片模板 > 02"文件。选择"移动"工具 ，将 02 图片拖曳到图像窗口中的适当位置并调整其大小，效果如图 8-26 所示，在"图层"控制面板中生成新的图层并将其命名为"花边"。在"图层"控制面板上方，将该图层的混合模式设为"明度"，"不透明度"选项设为 77%，如图 8-27 所示，图像效果如图 8-28 所示。

图 8-26            图 8-27            图 8-28

（6）单击"图层"控制面板下方的"添加图层样式"按钮 *fx* ，在弹出的菜单中选择"投影"命令，在弹出的对话框中进行设置，如图 8-29 所示，单击"确定"按钮，效果如图 8-30 所示。

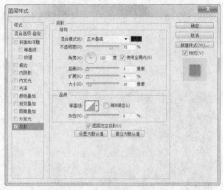

图 8-29            图 8-30

### 3. 添加并编辑模板文字

（1）按 Ctrl+O 组合键，打开云盘中的"Ch08 > 素材 > 幸福童年照片模板 > 03"文件。选择"移动"工具 ，将 03 图片拖曳到新建的图像窗口中的适当位置并调整其大小，效果如图 8-31 所示，在"图层"控制面板中生成新的图层并将其命名为"花纹"。

（2）将前景色设为绿色（其 R、G、B 的值分别为 127、160、0）。选择"横排文字"工具 T.，在适当的位置输入需要的文字，选取文字，在属性栏中选择合适的字体并设置文字大小，将其旋转到适当的角度，在"图层"控制面板中生成新的文字图层，效果如图 8-32 所示。

图 8-31　　　　　　　　　　　　　　　　图 8-32

（3）单击"图层"控制面板下方的"添加图层样式"按钮 fx.，在弹出的菜单中选择"投影"命令，在弹出的对话框中进行设置，如图 8-33 所示。

（4）单击"描边"选项，弹出相应的对话框，将描边颜色设为黄色（其 R、G、B 的值分别为 251、253、225），其他选项的设置如图 8-34 所示，单击"确定"按钮，效果如图 8-35 所示。

图 8-33　　　　　　　　　　　　图 8-34　　　　　　　　　　图 8-35

（5）用相同的方法分别制作出其他文字效果，如图 8-36 所示。将前景色设为浅绿色（其 R、G、B 的值分别为 228、249、211）。选择"横排文字"工具 T.，在适当的位置输入需要的文字，选取文字，在属性栏中选择合适的字体并设置文字大小，如图 8-37 所示，在"图层"控制面板中生成新的文字图层。

图 8-36　　　　　　　　　　　　图 8-37

（6）单击"图层"控制面板下方的"添加图层样式"按钮 fx.，在弹出的菜单中选择"投影"命令，在弹出的对话框中进行设置，如图 8-38 所示。单击"确定"按钮，效果如图 8-39 所示。

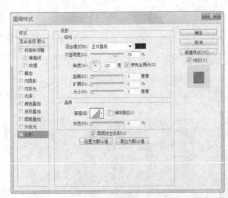

图 8-38 图 8-39

（7）选择"横排文字"工具 T，在适当的位置输入需要的文字，选取文字在属性栏中选择合适的字体并设置文字大小，效果如图 8-40 所示，在"图层"控制面板中生成新的文字图层。

（8）按 Ctrl+T 组合键，在弹出的"字符"面板中进行设置，如图 8-41 所示，按 Enter 键确定操作，效果如图 8-42 所示。

图 8-40 图 8-41 图 8-42

### 4．制作相框和装饰图形

（1）新建图层并将其命名为"矩形"。将前景色设置为黑色。选择"矩形"工具 ，在属性栏的"选择工具模式"选项中选择"像素"，在图像窗口中拖曳鼠标绘制一个长方形，并将其旋转到适当的角度，如图 8-43 所示。

（2）按 Ctrl+O 组合键，打开云盘中的"Ch08 > 素材 > 幸福童年照片模板 > 04"文件。选择"移动"工具 ，将 04 图片拖曳到新建图像窗口中适当的位置，调整其大小并将其旋转到适当的角度，效果如图 8-44 所示，在"图层"控制面板中生成新的图层并将其命名为"照片"。

图 8-43 图 8-44

（3）单击"图层"控制面板下方的"添加图层样式"按钮 fx，在弹出的菜单中选择"内阴影"

命令，弹出对话框，选项的设置如图 8-45 所示，单击"确定"按钮，效果如图 8-46 所示。

（4）按 Ctrl+O 组合键，打开云盘中的"Ch08> 素材 > 幸福童年照片模板 >05"文件。选择"移动"工具 ，将 05 图片拖曳到新建的图像窗口中适当的位置并调整其大小，效果如图 8-47 所示，在"图层"控制面板中生成新的图层并将其命名为"相框"。

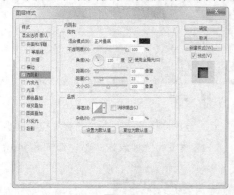

图 8-45　　　　　　　　　　　图 8-46　　　　　　　　图 8-47

（5）单击"图层"控制面板下方的"添加图层样式"按钮 *fx.* ，在弹出的菜单中选择"投影"命令，在弹出的对话框中进行设置，如图 8-48 所示，单击"确定"按钮，效果如图 8-49 所示。

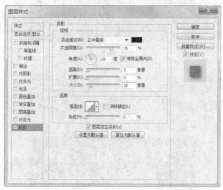

图 8-48　　　　　　　　　　　图 8-49

（6）按 Ctrl+O 组合键，打开云盘中的"Ch08> 素材 > 幸福童年照片模板 >06"文件。选择"移动"工具 ，将 06 图片拖曳到新建的图像窗口中适当的位置并调整其大小，效果如图 8-50 所示，在"图层"控制面板中生成新的图层并将其命名为"装饰熊"。

（7）连续两次将"装饰熊"图层拖曳到"图层"控制面板下方的"创建新图层"按钮 上进行复制，生成新的拷贝图层，单击副本图层左侧的眼睛图标 ，隐藏图层，如图 8-51 所示。

图 8-50　　　　　　　　　　　图 8-51

（8）选中"装饰熊"图层，在"图层"控制面板上方，将该图层的混合模式设为"线性减淡（添加）"，"不透明度"选项设为 30%，如图 8-52 所示，图像效果如图 8-53 所示。

图 8-52　　　　　　　　　　图 8-53

（9）单击"装饰熊 拷贝"图层左侧的空白图标▇，显示图层并将其选取。在"图层"控制面板上方，将该图层的混合模式设为"线性减淡（添加）"，"不透明度"选项设为 20%，如图 8-54 所示，图像效果如图 8-55 所示。

图 8-54　　　　　　　　　　图 8-55

（10）单击"装饰熊 拷贝 2"图层左侧的空白图标▇，显示图层并将其选取。在"图层"控制面板上方，将该图层的混合模式设为"线性减淡（添加）"，"不透明度"选项设为 15%，如图 8-56 所示，图像效果如图 8-57 所示。幸福童年照片模板制作完成。

图 8-56　　　　　　　　　　图 8-57

## 8.3 阳光女孩照片模板

### 8.3.1 案例分析

阳光女孩照片模板主要用于对女孩的照片进行艺术加工处理，使之体现出青年人阳光、智慧、理性的一面。本例要通过蓝色的背景烘托出开放、沉着的氛围，突显出人物的个性。

在设计思路上，蓝色背景衬托出天空般开放、深远的延伸感；装饰图片的添加，增添了画面的活泼氛围；通过背景的透明照片和前面照片的对比，产生远近变化，使设计更有层次感；整齐排放的照片展示出理性、自律的个性特点；用白色光感的图形装饰主题文字，使设计更加意味深长。这个设计用色以蓝色为主，寓意理性自律、阳光智慧的个性。

　　本例将使用图层蒙版命令和画笔工具制作背景合成效果，使用画笔工具绘制装饰星形，使用图层样式命令制作照片的立体效果，使用变换命令、图层蒙版命令和渐变工具制作照片投影，使用文字工具添加文字，使用椭圆选框工具和羽化命令制作白色边框。

### 8.3.2　案例设计

　　本案例设计流程如图 8-58 所示。

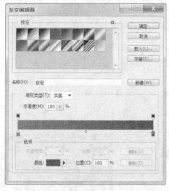

制作背景图　　　　　添加素材图片　　　　　　　　　最终效果

图 8-58

### 8.3.3　案例制作

#### 1．制作背景效果

　　（1）按 Ctrl+N 组合键，新建一个文件，宽度为 40 厘米，高度为 20 厘米，分辨率为 300 像素/英寸，颜色模式为 RGB，背景内容为白色，单击"确定"按钮。

　　（2）选择"渐变"工具，单击属性栏中的"点按可编辑渐变"按钮，弹出"渐变编辑器"对话框，将渐变色设为从蓝色（其 R、G、B 值分别为 9、105、182）到深蓝色（其 R、G、B 值分别为 2、49、77），如图 8-59 所示，单击"确定"按钮。按住 Shift 键的同时，在图像窗口中从上向下拖曳渐变色，松开鼠标，效果如图 8-60 所示。

图 8-59　　　　　　　　　　　　　　图 8-60

　　（3）按 Ctrl+O 组合键，打开云盘中的"Ch08 > 素材 > 阳光女孩照片模板 > 01"文件。选择"移动"工具 ，将 01 素材图片拖曳到图像窗口中的适当位置并调整其大小，效果如图 8-61 所示。在"图层"控制面板中生成新的图层并将其命名为"底图"。在控制面板上方，将该图层的"不透明度"选项设为 5%，如图 8-62 所示，图像效果如图 8-63 所示。

| 图 8-61 | 图 8-62 | 图 8-63 |

### 2. 添加并编辑图片和文字

（1）按 Ctrl+O 组合键，打开云盘中的"Ch08 > 素材 > 阳光女孩照片模板 > 02、03"文件。选择"移动"工具 ，分别将 02、03 图片拖曳到图像窗口中的适当位置并调整其大小，效果如图 8-64 所示，在"图层"控制面板中生成新的图层并将其命名为"线条"、"花纹 1"。在"图层"控制面板上方，将"花纹 1"图层的"不透明度"选项设为 74%，如图 8-65 所示，效果如图 8-66 所示。

| 图 8-64 | 图 8-65 | 图 8-66 |

（2）按 Ctrl+O 组合键，打开云盘中的"Ch08 > 素材 > 阳光女孩照片模板 > 04"文件。选择"移动"工具 ，将 04 图片拖曳到图像窗口中的适当位置并调整其大小，效果如图 8-67 所示。在"图层"控制面板中生成新的图层并将其命名为"人物 1"。

（3）将前景色设置为黑色。单击"图层"控制面板下方的"添加图层蒙版"按钮 ，为"人物 1"图层添加蒙版。选择"画笔"工具 ，在属性栏中单击画笔图标右侧的按钮 ，弹出画笔选择面板，将"大小"选项设为 500 像素，"硬度"选项设为 0%，如图 8-68 所示。在属性栏中将"不透明度"选项设为 50%，流量选项设为 50%，在图像窗口中进行涂抹，效果如图 8-69 所示。

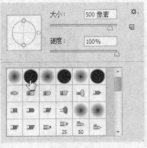

| 图 8-67 | 图 8-68 | 图 8-69 |

（4）在"图层"控制面板上方，将"人物1"图层的混合模式设为"明度"，"不透明度"选项设为30%，如图8-70所示，图像效果如图8-71所示。

（5）按Ctrl+O组合键，打开云盘中的"Ch08 > 素材 > 阳光女孩照片模板 > 05"文件。选择"移动"工具 ，将05图片拖曳到图像窗口中的适当位置并调整其大小，效果如图8-72所示，在"图层"控制面板中生成新的图层并将其命名为"人物2"。

图 8-70

图 8-71

图 8-72

（6）单击"图层"控制面板下方的"添加图层样式"按钮 ，在弹出的菜单中选择"投影"命令，在弹出的对话框中进行设置，如图8-73所示；单击"描边"选项，切换到相应的对话框，将描边颜色设为白色，其他选项的设置如图8-74所示，单击"确定"按钮，效果如图8-75所示。

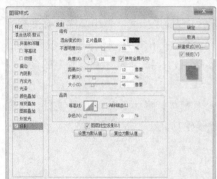
图 8-73

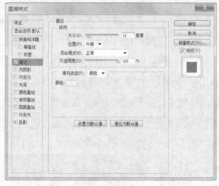
图 8-74

图 8-75

（7）按Ctrl+O组合键，打开云盘中的"Ch08 > 素材 > 阳光女孩照片模板 > 06、07"文件。选择"移动"工具 ，分别将06、07图片拖曳到图像窗口中的适当位置并调整其大小，效果如图8-76所示。在"图层"控制面板中生成新的图层并将其命名为"花纹2"和"花纹3"，如图8-77所示。

图 8-76

图 8-77

（8）新建图层并将其命名为"星星"。将前景色设为白色。选择"画笔"工具 ，单击属性栏中的"切换画笔面板"按钮，弹出"画笔"控制面板，选择"画笔笔尖形状"选项，在弹出的画笔面板中选择需要的画笔形状，其他选项的设置如图 8-78 所示。选择"形状动态"选项，切换到相应的面板，设置如图 8-79 所示。选择"散布"选项，切换到相应的面板，设置如图 8-80 所示。在图像窗口中拖曳鼠标绘制图形，效果如图 8-81 所示。

| 图 8-78 | 图 8-79 | 图 8-80 | 图 8-81 |

（9）选择"画笔"工具，在属性栏中单击"画笔"选项右侧的按钮，弹出画笔选择面板，单击面板右上方的按钮，在弹出的菜单中选择"混合画笔"命令，弹出提示对话框，单击"追加"按钮。在画笔选择面板中选择需要的画笔形状，如图 8-82 所示。按 [ 和 ] 键，调整画笔的大小，在图像窗口中多次单击，绘制出的效果如图 8-83 所示。

（10）按 Ctrl+O 组合键，打开云盘中的"Ch08 > 素材 > 阳光女孩照片模板 > 08"文件。选择"移动"工具，将 08 图片拖曳到图像窗口中适当的位置并调整其大小，效果如图 8-84 所示。在"图层"控制面板中生成新的图层并将其命名为"人物 3"。

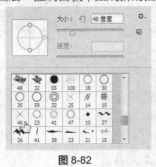  

| 图 8-82 | 图 8-83 | 图 8-84 |

（11）单击"图层"控制面板下方的"添加图层样式"按钮，在弹出的菜单中选择"斜面和浮雕"命令，弹出对话框，选项的设置如图 8-85 所示。单击"确定"按钮，效果如图 8-86 所示。

（12）将"人物 3"图层拖曳到控制面板下方的"创建新图层"按钮上进行复制，生成新的图层"人物 3 拷贝"。按 Ctrl+T 组合键，图形周围出现变换框，选取中心点并将其向下拖曳到下方中间的控制手柄上，再在变换框中单击鼠标右键，在弹出的菜单中选择"垂直翻转"命令，垂直翻转图像，按 Enter 键确认操作，效果如图 8-87 所示。

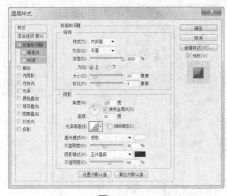

图 8-85　　　　　　　　　　图 8-86　　　　　　　　　图 8-87

（13）单击"图层"控制面板下方的"添加图层蒙版"按钮 ，为"人物 3 拷贝"图层添加蒙版，如图 8-88 所示。选择"渐变"工具 ，单击属性栏中的"点按可编辑渐变"按钮 ，弹出"渐变编辑器"对话框，将渐变色设为从白色到黑色，单击"确定"按钮。按住 Shift 键的同时，在图像窗口中从上往下拖曳渐变色，效果如图 8-89 所示。

图 8-88　　　　　　　　　　　　图 8-89

（14）按 Ctrl+O 组合键，打开云盘中的"Ch08＞素材＞阳光女孩照片模板＞09、10"文件。选择"移动"工具 ，将 09、10 图片拖曳到图像窗口中的适当位置并调整其大小，效果如图 8-90 所示。在"图层"控制面板中生成新的图层并将其命名为"人物 4"和"人物 5"。用相同的方法制作图像的效果，如图 8-91 所示。

图 8-90　　　　　　　　　　　图 8-91

### 3. 添加装饰图形和文字

（1）将前景色设置为白色。选择"横排文字"工具 ，分别在适当的位置输入需要的文字，选取文字，在属性栏中选择合适的字体和文字大小，效果如图 8-92 所示，在"图层"控制面板中生成新的文字图层，如图 8-93 所示。

图 8-92                                              图 8-93

（2）按 Ctrl+O 组合键，打开云盘中的"Ch08 > 素材 > 阳光女孩照片模板 > 11"文件。选择"移动"工具 ，将 11 图片拖曳到图像窗口中的适当位置并调整其大小，效果如图 8-94 所示，在"图层"控制面板中生成新的图层并将其命名为"蝴蝶"。

（3）新建图层并将其命名为"白色边缘"，将前景色设为白色。按 Alt+Delete 组合键，填充图层为白色。选择"椭圆选框"工具 ，在图像窗口中绘制出一个椭圆选区，如图 8-95 所示。

图 8-94                                              图 8-95

（4）按 Shift+F6 组合键，在弹出的"羽化选区"对话框中进行设置，如图 8-96 所示，单击"确定"按钮，将选区羽化。按 Delete 键，删除选区中的内容，按 Ctrl+D 组合键，取消选区，图像效果如图 8-97 所示。阳光女孩照片模板制作完成。

图 8-96                                              图 8-97

## 课堂练习 1——人物个性照片模板

### 练习知识要点

使用滤镜命令以及图层蒙版命令和画笔工具制作照片的合成效果；使用色彩平衡命令调整照片颜色；使用渐变工具和图层混合模式制作照片效果；使用横排文字工具、栅格化命令和渐变工具制作个性文字。人物个性照片模板效果如图 8-98 所示。

图 8-98

### 效果所在位置

云盘/Ch08/效果/人物个性照片模板.psd。

## 课堂练习 2——个人写真照片模板

### 练习知识要点

使用图层蒙版命令和渐变工具制作背景人物的融合；使用羽化命令和矩形工具制作图形的渐隐效果；使用钢笔工具、描边命令和图层样式命令制作线条；使用矩形工具和剪贴蒙版制作照片；使用横排文字工具添加文字。个人写真照片模板效果如图 8-99 所示。

图 8-99

### 效果所在位置

云盘/Ch08/效果/个人写真照片模板.psd。

## 课后习题 1——多彩童年照片模板

### 习题知识要点

使用高斯模糊和混合模式命令制作图片背景；使用钢笔工具和创建剪切蒙版命令制作照片。多彩童年照片模板效果如图 8-100 所示。

### 效果所在位置

云盘/Ch08/效果/多彩童年照片模板.psd。

图 8-100

## 课后习题 2——婚纱照片模板

### 习题知识要点

使用高斯模糊命令、图层蒙版、渐变工具和图层控制面板制作背景底图；使用外发光命令为图片添加发光效果；使用横排文字工具添加标题文字。婚纱照片模板效果如图 8-101 所示。

### 效果所在位置

云盘/Ch08/效果/婚纱照片模板.psd。

图 8-101

# 第 9 章 卡片设计

卡片，是人们增进交流的一种载体，是传递信息、交流情感的一种方式。卡片的种类繁多，有邀请卡、祝福卡、生日卡、圣诞卡、新年贺卡等。本章以多种题材的卡片为例，讲解卡片的设计和制作技巧。

| 课堂学习目标 | / 了解卡片的功能 |
|---|---|
| | / 了解卡片的分类 |
| | / 掌握卡片的设计思路 |
| | / 掌握卡片的制作方法和技巧 |

## 9.1  卡片设计概述

卡片是设计师无穷无尽想象力的表现，可以成为弥足珍贵的收藏品。无论是贺卡、请柬还是宣传卡的设计，都彰显出卡片在生活中极大的艺术价值。卡片效果如图 9-1 所示。

**图 9-1**

## 9.2  制作春节贺卡

### 9.2.1  案例分析

春节，在中国民间是一个隆重而热闹的传统节日。春节到来时，亲友们互送吉祥和祝福，希望都以积极、自信的姿态面对新的一年。本例的春节贺卡要表现出新年喜庆、祥和的气氛。

在设计思路和制作上，使用红色作为卡片的主体色，营造出吉祥、喜气的氛围。使用具有中国特色的花朵、传统纹理及剪纸的马图案，象征马年吉祥、富贵荣华，给人美好的祝福。文字设计也独具传统特色，与整体卡片相呼应。整体设计简洁大气，具有中国特色。

本例将通过使用钢笔工具和图层蒙版制作背景底图，使用文本工具添加卡片信息，使用椭圆工具和矩形工具绘制装饰图形。

### 9.2.2 案例设计

本案例设计流程如图 9-2 所示。

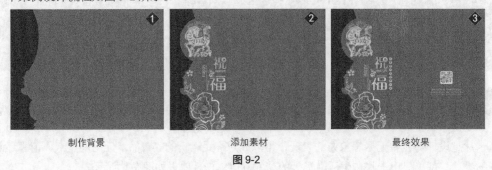

制作背景　　　　　　　　　添加素材　　　　　　　　　最终效果

图 9-2

### 9.2.3 案例制作

#### 1. 制作贺卡正面

（1）按 Ctrl + N 组合键，新建一个文件，宽度为 27.6cm，高度为 21.6cm，分辨率为 300 像素/英寸，颜色模式为 RGB，背景内容为白色，单击"确定"按钮。将前景色设为黑色。按 Alt+Delete 组合键，用前景色填充"背景"图层，效果如图 9-3 所示。

（2）新建图层并将其命名为"底图"。将前景色设为红色（其 R、G、B 的值分别为 230、0、18）。按 Alt+Delete 组合键，用前景色填充图层，效果如图 9-4 所示。

图 9-3　　　　　　　　　　　　　图 9-4

（3）单击"图层"控制面板下方的"添加图层蒙版"按钮 ▣，为"底图"图层添加图层蒙版，如图 9-5 所示。将前景色设为黑色。选择"画笔"工具 ✐，在属性栏中单击"画笔"选项右侧的按钮 ▾，在弹出的面板中选择需要的画笔形状，如图 9-6 所示，在图像窗口中拖曳鼠标擦除不需要的图像，效果如图 9-7 所示。

 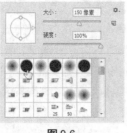 

图 9-5　　　　　　　　　图 9-6　　　　　　　　　图 9-7

（4）按 Ctrl + O 组合键，打开云盘中的 "Ch09 > 素材 > 制作春节贺卡 > 01" 文件，选择 "移动" 工具 ，将图片拖曳到图像窗口中适当的位置，效果如图 9-8 所示，在 "图层" 控制面板中生成新图层并将其命名为 "花"。

（5）新建图层并将其命名为 "圆形"。将前景色设为红色（其 R、G、B 的值分别为 230、0、18）。选择 "椭圆" 工具 ，在属性栏的 "选择工具模式" 选项中选择 "像素"，按住 Shift 键的同时，在适当的位置上绘制一个圆形，效果如图 9-9 所示。

（6）按 Ctrl + O 组合键，打开云盘中的 "Ch09 > 素材 > 制作春节贺卡 > 02、03" 文件，选择 "移动" 工具 ，将图片拖曳到图像窗口中适当的位置，效果如图 9-10 所示，在 "图层" 控制面板中生成新图层并将其命名为 "剪纸马""花纹"。

图 9-8　　　　　　　　　图 9-9　　　　　　　　　图 9-10

（7）单击 "图层" 控制面板下方的 "添加图层样式" 按钮 ，在弹出的菜单中选择 "描边" 命令，弹出对话框，将描边颜色设为淡黄色（其 R、G、B 的值分别为 238、207、134），其他选项的设置如图 9-11 所示，单击 "确定" 按钮，效果如图 9-12 所示。

图 9-11　　　　　　　　　　　　图 9-12

（8）按 Ctrl + O 组合键，打开云盘中的 "Ch09 > 素材 > 制作春节贺卡 > 04" 文件，选择 "移动" 工具 ，将图片拖曳到图像窗口中适当的位置，效果如图 9-13 所示，在 "图层" 控制面板中生成新图层并将其命名为"祝福"。

（9）单击"图层"控制面板下方的"添加图层样式"按钮 $fx$，在弹出的菜单中选择"斜面和浮雕"命令，在弹出的对话框中进行设置，如图 9-14 示；选择对话框左侧的"纹理"选项，切换到相应的对话框，单击"图案"右侧按钮，在弹出的图案选择面板，单击右上方 按钮，在下拉菜单中选择"图案"命令，弹出提示对话框，单击"确定"按钮。在图案选择面板中选择图案，如图 9-15 所示，返回到"纹理"对话框中，选项的设置如图 9-16 所示，单击"确定"按钮，效果如图 9-17 所示。

图 9-13

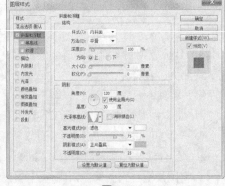

图 9-14

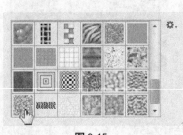

图 9-15

图 9-16

图 9-17

（10）单击"图层"控制面板下方的"添加图层样式"按钮 $fx$，在弹出的菜单中选择"投影"命令，弹出对话框，将投影颜色设为深红色（其 R、G、B 的值分别为 135、0、0），其他选项的设置如图 9-18 所示，单击"确定"按钮，效果如图 9-19 所示。

图 9-18

图 9-19

（11）新建图层并将其命名为"圆形 1"。将前景色设为淡黄色（其 R、G、B 的值分别为 238、207、134）选择"椭圆"工具 ，在属性栏中的"选择工具模式"选项中选择"像素"，按住 Shift 键的同时，在适当的位置上绘制一个圆形，效果如图 9-20 所示。

（12）按 Ctrl+Alt+T 组合键，在图像周围出现变换框，按 Shift 键的同时，垂直向下拖曳图形到适当的位置，复制图形，按 Enter 键确认操作，效果如图 9-21 所示。连续按 Ctrl+Shift+Alt+T 组合键，按需要再复制多个图形，效果如图 9-22 所示。

图 9-20　　　　　　　　图 9-21　　　　　　　　图 9-22

（13）将前景色设为红色（其 R、G、B 的值分别为 230、0、18）。选择"直排文字"工具 ，在适当的位置输入需要的文字并选取文字，在属性栏中选择合适的字体并设置大小，效果如图 9-23 所示，在"图层"控制面板中生成新的文字图层。

（14）选取文字。按 Ctrl+T 组合键，弹出"字符"面板，将"设置所选字符的字距调整" 选项设置为 260，其他选项的设置如图 9-24 所示，按 Enter 键确认操作，效果如图 9-25 所示。

图 9-23　　　　　　　　图 9-24　　　　　　　　图 9-25

（15）将前景色设为淡黄色（其 R、G、B 的值分别为 238、207、134）。选择"横排文字"工具 ，在适当的位置输入需要的文字并选取文字，在属性栏中选择合适的字体并设置大小，效果如图 9-26 所示，在"图层"控制面板中生成新的文字图层。

（16）按 Ctrl+T 组合键，文字周围出现变换框，在变换框中单击鼠标右键，在弹出的菜单中选择"旋转 90 度（逆时针）"命令，将文字逆时针旋转 90 度并拖曳到适当的位置，按 Enter 键确认操作，效果如图 9-27 所示。

（17）使用相同方法制作其他文字，效果如图 9-28 所示。新建图层并将其命名为"直线"。选择"直线"工具 ，在属性栏的"选择工具模式"选项中选择"像素"，将"粗细"选项设为 5 像素，按住 Shift 键的同时，在图像窗口中拖曳鼠标绘制一条直线，如图 9-29 所示。

| 图 9-26 | 图 9-27 | 图 9-28 | 图 9-29 |

### 2. 制作贺卡背面

（1）按 Ctrl＋O 组合键，打开云盘中的"Ch09 > 素材 > 制作春节贺卡 > 05"文件，选择"移动"工具 ，将图片拖曳到图像窗口中适当的位置，效果如图 9-30 所示，在"图层"控制面板中生成新图层并分别将其命名为"印"。

（2）选择"横排文字"工具 T ，在适当的位置输入需要的文字并选取文字，在属性栏中选择合适的字体并设置大小，按 Alt+ → 组合键，适当调整文字的间距，效果如图 9-31 所示，在"图层"控制面板中生成新的文字图层。

| 图 9-30 | 图 9-31 |

（3）选择"横排文字"工具 T ，在适当的位置输入需要的文字并选取文字，在属性栏中选择合适的字体并设置大小，按 Alt+ → 组合键，适当调整文字的间距，效果如图 9-32 所示，在"图层"控制面板中生成新的文字图层。

（4）选择"横排文字"工具 T ，在适当的位置输入需要的文字并选取文字，在属性栏中选择合适的字体并设置大小，按 Alt+ → 组合键，适当调整文字的间距，效果如图 9-33 所示，在"图层"控制面板中生成新的文字图层。春节贺卡制作完成，最终效果如图 9-34 所示。

| 图 9-32 | 图 9-33 | 图 9-34 |

## 9.3 制作婚庆请柬

### 9.3.1 案例分析

在婚礼举行前，需要给亲朋好友寄送婚庆请柬，婚庆请柬的装帧设计应精美雅致，创造出喜庆气氛，使被邀请者体会到主人的热情与诚意，感受到亲切和喜悦。婚庆请柬的设计还要展示出浪漫、温馨的氛围，给人以梦幻和幸福感。

在设计制作上，粉红色的背景营造出幸福与甜美的氛围；心形的设计主体，寓意心心相印、永不分离的主题；卡通人物和图形的添加给人身处童话世界的感觉，洋溢着梦幻与温馨；最后通过文字烘托出请柬主题，展示浪漫之感。

本例将使用纹理化滤镜制作背景效果，使用移动工具添加装饰图案，使用投影命令为文字添加投影效果。

### 9.3.2 案例设计

本案例设计流程如图 9-35 所示。

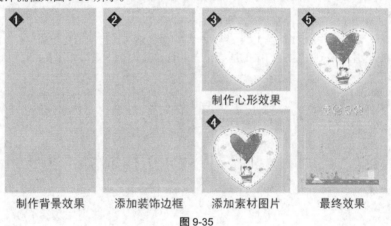

图 9-35

### 9.3.3 案例制作

**1. 制作背景纹理**

（1）按 Ctrl+N 组合键，新建一个文件，宽度为 9 厘米，高度为 18 厘米，分辨率为 300 像素/英寸，颜色模式为 RGB，背景内容为白色，单击"确定"按钮。将前景色设为粉色（其 R、G、B 值分别为 255、197、197）。按 Alt+Delete 组合键，用前景色填充背景图层，效果如图 9-36 所示。

（2）选择"滤镜 > 滤镜库"命令，在弹出的对话框中进行设置，如图 9-37 所示，单击"确定"按钮，效果如图 9-38 所示。

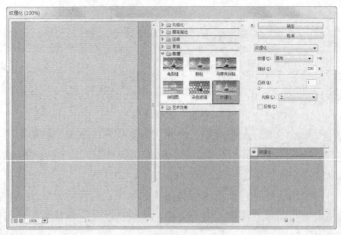

图 9-36　　　　　　　　　　　　　　图 9-37　　　　　　　　　　　　　　图 9-38

### 2. 添加装饰图像

（1）按 Ctrl+O 组合键，打开云盘中的"Ch09 > 素材 > 制作婚庆请柬 > 01"文件。选择"移动"工具 ，将 01 图片拖曳到图像窗口中的适当位置并调整其大小，效果如图 9-39 所示，在"图层"控制面板中生成新的图层并将其命名为"边框"。

（2）在"图层"控制面板上方，将该图层的混合模式设为"滤色"，如图 9-40 所示，图像效果如图 9-41 所示。

（3）按 Ctrl+O 组合键，打开云盘中的"Ch09 > 素材 > 制作婚庆请柬 > 02"文件。选择"移动"工具 ，将 02 图片拖曳到图像窗口中的适当位置并调整其大小，效果如图 9-42 所示，在"图层"控制面板中生成新的图层并将其命名为"心形"。

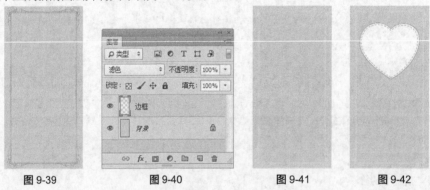

图 9-39　　　　　　图 9-40　　　　　　图 9-41　　　　　　图 9-42

（4）单击"图层"控制面板下方的"添加图层样式"按钮 ，在弹出的菜单中选择"外发光"命令，弹出对话框，将发光颜色设置为粉色（其 R、G、B 值分别为 249、181、181），其他选项的设置如图 9-43 所示，单击"确定"按钮，效果如图 9-44 所示。

（5）按 Ctrl+O 组合键，打开云盘中的"Ch09 > 素材 > 制作婚庆请柬 > 03、04"文件。选择"移动"工具 ，将 03、04 图片分别拖曳到图像窗口中的适当位置并调整其大小，效果如图 9-45 所示，在"图层"控制面板中生成新的图层，并将其分别命名为"装饰"和"卡通图"。

图 9-43　　　　　　　　　　　　图 9-44　　　　　　　　　图 9-45

（6）按 Ctrl+O 组合键，打开云盘中的"Ch09 > 素材 > 制作婚庆请柬 > 05、06"文件。选择"移动"工具 ，将 05、06 图片分别拖曳到图像窗口中适当的位置并调整其大小，效果如图 9-46 所示，在"图层"控制面板中生成新的图层并将其分别命名为"花"和"街道"。

（7）在"图层"控制面板的上方，将"街道"图层的混合模式设为"明度"，如图 9-47 所示，图像效果如图 9-48 所示。

图 9-46　　　　　　　　　　　图 9-47　　　　　　　　图 9-48

### 3. 添加并编辑文字

（1）将前景色设为浅粉色（其 R、G、B 的值分别为 255、234、234）。选择"横排文字"工具 ，在适当的位置输入需要的文字，选取文字，在属性栏中选择合适的字体并设置文字大小，效果如图 9-49 所示，在"图层"控制面板中生成新的文字图层。

（2）单击"图层"控制面板下方的"添加图层样式"按钮 ，在弹出的菜单中选择"投影"命令，在弹出的对话框中进行设置，如图 9-50 所示，单击"确定"按钮，效果如图 9-51 所示。

图 9-49　　　　　　　　　　　图 9-50　　　　　　　　图 9-51

（3）选择"横排文字"工具 T，在适当的位置输入需要的文字，选取文字在属性栏中选择合适的字体并设置文字大小，按 Alt+ ↑，调整文字行距，效果如图 9-52 所示，在"图层"控制面板中生成新的文字图层。选择"移动"工具，取消文字选取状态，婚庆请柬制作完成，效果如图 9-53 所示。

图 9-52

图 9-53

## 课堂练习 1——制作美容体验卡

### 📝 练习知识要点

将使用渐变工具和纹理化滤镜制作背景效果；使用外发光命令为人物添加外发光效果；使用多边形套索工具和移动工具复制并添加花图形；使用文字工具输入卡片信息；使用矩形工具和自定形状工具制作标志效果。美容体验卡效果如图 9-54 所示。

### 📝 效果所在位置

云盘/Ch09/效果/制作美容体验卡.psd。

图 9-54

# 课堂练习 2——制作中秋贺卡

### 练习知识要点

使用添加图层蒙版命令、画笔工具制作图片渐隐
效果；使用图层混合模式选项、不透明度选项制作图
片叠加效果；使用高斯模糊滤镜命令添加模糊效果；
使用多种图层样式命令为图片和文字添加特殊效果；
中秋贺卡效果如图 9-55 所示。

### 效果所在位置

云盘/Ch09/效果/制作中秋贺卡.psd。

图 9-55

# 课后习题 1——制作蛋糕代金卡

### 习题知识要点

使用添加图层蒙版命令和渐变工具制作背景图；使用钢笔工具和创建剪贴蒙版命令添加蛋糕
图片；使用图层样式命令制作文字投影；使用横排文字工具添加介绍性文字。蛋糕代金卡效果如
图 9-56 所示。

图 9-56

### 效果所在位置

云盘/Ch09/效果/制作蛋糕代金卡.psd。

# 课后习题 2——制作养生会所会员卡

### 习题知识要点

使用创建剪贴蒙版命令为图片创建剪切效果；使用不透明度选项调整图片不透明度；使用绘图工具绘制图形。养生会所会员卡效果如图 9-57 所示。

### 效果所在位置

云盘/Ch09/效果/制作养生会所会员卡.psd。

图 9-57

# 第 10 章　宣传单设计

宣传单是直销广告的一种，对活动宣传和商品促销有着重要的作用。通过派送、邮递宣传单等形式，可以有效地将信息传达给目标受众。本章以不同类型的宣传单为例，讲解宣传单的设计方法和制作技巧。

| 课堂学习目标 | / 了解宣传单的作用 |
| --- | --- |
| | / 掌握宣传单的设计思路 |
| | / 掌握宣传单的设计手法 |
| | / 掌握宣传单的制作技巧 |

## 10.1　宣传单设计概述

宣传单是将产品和活动信息传播出去的一种广告形式，其最终目的都是为了帮助客户推销产品，如图 10-1 所示。宣传单可以是单页，也可以做成多页形成宣传册。

图 10-1

## 10.2　制作平板电脑宣传单

### 10.2.1　案例分析

平板电脑是一款无须翻盖、没有键盘、小到可以放入女士手袋，但却功能完整的 PC，能为人们的工作、学习和生活提供更多的便利，已被越来越多的人所喜爱。本例是为平板电脑设计制作销售广告。在广告设计上，要求在抓住产品特色的同时，也能充分展示销售的卖点。

在设计思路上，先从背景入手，通过银灰和浅蓝色的结合，展示出较高的品位和时尚感；通过产品图片的展示和说明展现出产品超强的功能，让人印象深刻；通过宣传性文字的精心设计，形成较强的视觉冲击力，体现出产品的优势和特性；整体设计要给人条理清晰，主次分明的印象。

本例将使用投影命令为图片添加投影效果，使用矩形工具、创建剪贴蒙版命令制作图片的剪切效果，使用横排文字工具添加宣传性文字。

### 10.2.2　案例设计

　　本案例设计流程如图 10-2 所示。

背景图　　　　　编辑素材图片　　　　添加介绍文字　　　　最终效果

图 10-2

### 10.2.3　案例制作

　　（1）按 Ctrl+O 组合键，打开云盘中的"Ch10 > 素材 > 制作平板电脑宣传单 > 01、02"文件，如图 10-3 所示。选择"移动"工具，将平板电脑图片拖曳到图像窗口中适当的位置并调整其大小，如图 10-4 所示，在"图层"控制面板中生成新的图层并将其命名为"平板电脑 1"。

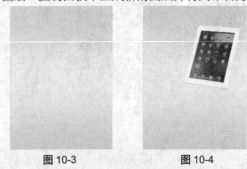

图 10-3　　　　　　　图 10-4

　　（2）单击"图层"控制面板下方的"添加图层样式"按钮 *fx.*，在弹出的菜单中选择"投影"命令，弹出"图层样式"对话框，选项的设置如图 10-5 所示，单击"确定"按钮，效果如图 10-6 所示。

　　（3）按 Ctrl+O 组合键，打开云盘中的"Ch10 > 素材 > 制作平板电脑宣传单 > 03"文件，选择"移动"工具，将文字图片拖曳到图像窗口中适当的位置，如图 10-7 所示，在"图层"控制面板中生成新的图层并将其命名为"文字"。

　　（4）新建图层组并命名为"组一"。新建图层并将其命名为"白色矩形"。将前景色设为白色，选择"矩形"工具，将属性栏中的"选择工具模式"选项设为"像素"，在图像窗口中适当的位置绘制一个矩形，效果如图 10-8 所示。

图 10-5　　　　　　　　　　　　　　　　图 10-6

图 10-7　　　　　　　　　图 10-8

（5）单击"图层"控制面板下方的"添加图层样式"按钮 *fx* ，在弹出的菜单中选择"投影"命令，弹出"图层样式"对话框，选项的设置如图 10-9 所示，单击"确定"按钮，效果如图 10-10 所示。

图 10-9　　　　　　　　　　　　　　图 10-10

（6）按 Ctrl+O 组合键，打开云盘中的"Ch10 > 素材 > 制作平板电脑宣传单 > 04"文件，选择"移动"工具 ，将电脑图片拖曳到图像窗口中适当的位置并调整其大小，如图 10-11 所示，在"图层"控制面板中生成新的图层并将其命名为"图片"。按 Ctrl+Alt+G 组合键，为"图片"图层创建剪贴蒙版，效果如图 10-12 所示。

（7）选择"横排文字"工具 T ，在属性栏中单击"居中对齐文本"按钮 ，在适当的位置输入需要的文字，选取文字，在属性栏中选择合适的字体并设置文字大小，按 Alt+ ↑组合键，适当调整文字行距，效果如图 10-13 所示，在"图层"控制面板中生成新的文字图层。选择"横排文字"

195

工具 T ，选中文字"做工精致，画面色彩清晰"，在属性栏中设置适当的文字大小，取消文字选取状态，效果如图 10-14 所示。

图 10-11　　　　　　　　　　图 10-12

图 10-13　　　　　　　　　　图 10-14

（8）单击"组一"图层组左侧的三角形图标▼，将"组一"图层组中的图层隐藏。打开 05、06、07 文件，分别将其拖曳到图像窗口中适当的位置并调整其大小，用上述方法制作出如图 10-15 所示的效果。

（9）选择"横排文字"工具 T ，在属性栏中单击"左对齐文本"按钮▤，在适当的位置输入需要的文字并选取文字，在属性栏中选择合适的字体并设置文字大小，效果如图 10-16 所示，按 Alt+↓组合键，适当调整文字行距，取消文字选取状态，效果如图 10-17 所示，在"图层"控制面板中生成新的文字图层。

图 10-15　　　　　　图 10-16　　　　　　　　　　　图 10-17

（10）新建图层并将其命名为"圆形"。选择"椭圆"工具 ⬭ ，将属性栏中的"选择工具模式"选项设为"像素"，按住 Shift 键的同时，在文字左侧适当的位置绘制圆形，效果如图 10-18 所示。

（11）连续 3 次拖曳"圆形"图层到"图层"控制面板下方的"创建新图层"按钮 ⬚ 上进行复制，生成副本图层"圆形 拷贝"、"圆形 拷贝 1"、"圆形 拷贝 2"。选择"移动"工具 ⊹ ，按住 Shift 键的同时，分别向下拖曳复制的圆形到适当的位置，效果如图 10-19 所示。

图 10-18　　　　　　　　　　　图 10-19

（12）按 Ctrl+O 组合键，打开云盘中的“Ch10 > 素材 > 平板电脑宣传单 > 08”文件，选择“移动”工具，将电脑图片拖曳到图像窗口中适当的位置，如图 10-20 所示，在“图层”控制面板中生成新的图层并将其命名为“平板电脑 2”。

（13）将前景色设为红色（其 R、G、B 的值分别为 168、6、6）。选择“横排文字”工具，在适当的位置输入需要的文字，选取文字，在属性栏中选择合适的字体并设置文字大小，效果如图 10-21 所示，在“图层”控制面板中生成新的文字图层。

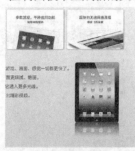

图 10-20

让人惊喜不断M608

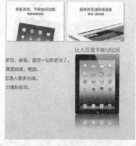

图 10-21

（14）将前景色设为黑色。选择“横排文字”工具，在适当的位置输入需要的文字，选取文字，在属性栏中选择合适的字体并设置文字大小，按 Alt+ ↑组合键，适当调整文字行距，取消文字选取状态，效果如图 10-22 所示，在“图层”控制面板中生成新的文字图层。平板电脑宣传单制作完成，效果如图 10-23 所示。

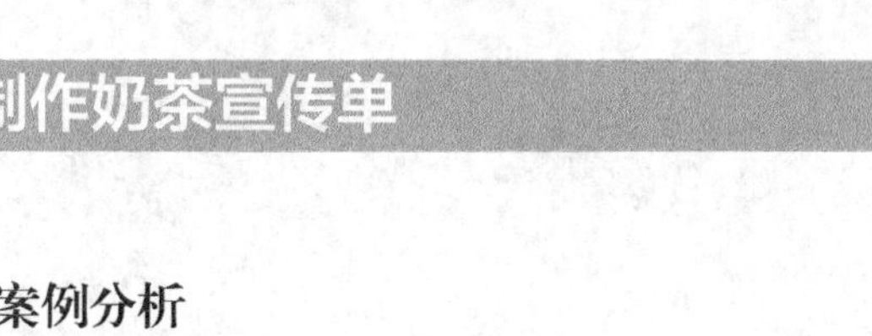

• 800万像素的摄像头比其他平板电脑多出65%，使拍摄画面更细腻、艳丽。
• 每秒50帧，拍摄令人叹为观止的1080pHD高清视频，让它透入更多光线。
• 自动平衡让色彩更逼真，降噪功能帮助您在暗淡光线下拍出精彩视频。
地址：和田区临江街保威大厦A座1503室
电话：0411-7895554666　0411-7895554777

图 10-22

Lab 3
全新M系列
拒绝只能。
M708

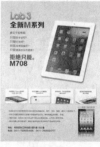

图 10-23

## 10.3 制作奶茶宣传单

### 10.3.1　案例分析

本例是为奶茶店制作宣传广告。这次活动以宣传其新品红豆布丁为主，在宣传单设计上要突出红豆布丁的美味与特色，展现出该奶茶店勇于创新的特点。

在设计思路上，通过将翻腾的牛奶与红豆作为画面背景，将产品放在宣传单的中心位置，突出了宣传要点，画面氛围热烈澎湃，让人感受到红豆布丁的香滑与美味，能提高人们的食欲；通过图片的编排展示宣传本店特色；通过对文字的艺术加工，突出宣传的主题，色彩鲜明醒目。整个设计简洁明了、主题突出，能引起人们的注意。

本例将使用文本工具添加文字信息。使用钢笔工具和文本工具制作路径文字效果。使用矩形工具和椭圆工具绘制装饰图形。

### 10.3.2　案例设计

本案例设计流程如图 10-24 所示。

打开素材　　　　　　编辑文字　　　　　　最终效果

图 10-24

### 10.3.3　案例制作

（1）按 Ctrl + O 组合键，打开云盘中的"Ch10 > 素材 > 制作奶茶宣传单 > 01"文件，如图 10-25 所示。

（2）设前景色为黑色，选择"横排文字"工具 T，在属性栏中选择合适的字体并设置文字大小，在适当的位置输入需要的文字并选取文字，效果如图 10-26 所示，在"图层"控制面板中生成新的文字图层。

（3）选中文字"红豆"，填充文字为橘黄色（其 R、G、B 值分别为 226、81、12），取消文字选取状态，效果如图 10-27 所示。

图 10-25　　　　　　图 10-26　　　　　　图 10-27

（4）按 Ctrl + O 组合键，打开云盘中的"Ch10 > 素材 > 制作奶茶宣传单 > 02"文件，选择"移动"工具 ，将图片拖曳到图像窗口中适当的位置，效果如图 10-28 所示，在"图层"控制面板中生成新的图层并将其命名为"红豆"。

（5）将前景色设为黑色，选择"横排文字"工具 T，在属性栏中选择合适的字体并设置文字大小，在适当的位置输入需要的文字并选取文字，效果如图 10-29 所示，在"图层"控制面板中生成新的文字图层。

（6）将前景色设为蓝色（其 R、G、B 值分别为 0、171、213）。新建图层并将其命名为"蓝色块"。选择"矩形"工具 ■，在属性栏的"选择工具模式"选项中选择"像素"，在图像窗口中拖曳鼠标绘制圆角矩形，效果如图 10-30 所示。

图 10-28            图 10-29            图 10-30

（7）将前景色设为白色，选择"横排文字"工具 T，在属性栏中选择合适的字体并设置文字大小，在适当的位置输入需要的文字并选取文字，按 Alt+→组合键，调整文字适当间距，效果如图 10-31 所示，在"图层"控制面板中生成新的文字图层。

（8）设前景色为黑色，选择"横排文字"工具 T，在属性栏中选择合适的字体并设置文字大小，在适当的位置输入需要的文字并选取文字，效果如图 10-32 所示，在"图层"控制面板中生成新的文字图层。

（9）将前景色设为橘黄色（其 R、G、B 值分别为 226、81、12）。新建图层并将其命名为"圆底"。选择"椭圆"工具 ●，在属性栏的"选择工具模式"选项中选择"像素"，按住 Shift 键的同时，在图像窗口中拖曳鼠标绘制圆形，效果如图 10-33 所示。

图 10-31            图 10-32            图 10-33

（10）将前景色设为白色，选择"横排文字"工具 T，在属性栏中选择合适的字体并设置文字大小，在适当的位置输入需要的文字并选取文字，按 Alt+→组合键，调整文字适当间距，效果如图 10-34 所示，在"图层"控制面板中生成新的文字图层。

（11）选择"横排文字"工具 T，在属性栏中选择合适的字体并设置文字大小，在适当的位置输入需要的文字并选取文字，效果如图 10-35 所示，在"图层"控制面板中生成新的文字图层。

图 10-34 　　　　　　　　　　　　图 10-35

（12）选择"椭圆"工具 ⬭，在属性栏的"选择工具模式"选项中选择"路径"，在图像窗口中绘制一个椭圆形路径，效果如图 10-36 所示。

（13）将前景色设为橘黄色（其 R、G、B 值分别为 226、81、12）。选择"横排文字"工具 T，在属性栏中选择合适的字体并设置文字大小，将光标停放在圆形图形路径上时变为 ♙ 图标，如图 10-37 所示。单击鼠标会出现闪烁的光标，此处成为输入文字的起始点，输入需要的文字，效果如图 10-38 所示，在"图层"控制面板生成新的文字图层。选择"路径选择"工具 ▸，选取圆形路径，按 Enter 键，隐藏路径，文字效果如图 10-39 所示。

图 10-36 　　　　　　　　　　　图 10-37

图 10-38　　　　　　　　　　　图 10-39

（14）将前景色设为橘黄色（其 R、G、B 值分别为 235、90、2）。新建图层并将其命名为"圆底"。选择"椭圆"工具 ⬭，将属性栏中的"选择工具模式"选项设为"像素"，按住 Shift 键的同时，在图像窗口中拖曳鼠标绘制圆形，效果如图 10-40 所示。

（15）将前景色设为橘黄色（其 R、G、B 值分别为 226、81、12）。选择"横排文字"工具 T，在属性栏中选择合适的字体并设置文字大小，在适当的位置输入需要的文字并选取文字，效果如图 10-41 所示，在"图层"控制面板中生成新的文字图层。

（16）按 Ctrl＋O 组合键，打开云盘中的"Ch10 > 素材 >制作奶茶宣传单 > 03、04"文件，选择"移动"工具 ⊕，将图片分别拖曳到图像窗口中适当的位置，效果如图 10-42 所示，在"图层"控制面板中分别生成新的图层并将其分别命名为"装饰"、"周记奶茶"。奶茶宣传单制作完成。

图 10-40

图 10-41

图 10-42

## 课堂练习 1——制作促销宣传单

### 练习知识要点

将使用渐变工具和添加图层蒙版命令制作背景效果；使用文字工具、栅格化文字命令和钢笔工具制作标题文字；使用文字工具输入宣传性文字。促销宣传单效果如图 10-43 所示。

### 效果所在位置

云盘/Ch10/效果/制作促销宣传单.psd。

图 10-43

## 课堂练习 2——制作街舞大赛宣传单

### 练习知识要点

使用移动工具添加素材图片；使用钢笔工具绘制装饰图形；使用图层的混合模式和不透明度制作图片的合成效果；使用文本工具添加文字信息。街舞大赛宣传单效果如图 10-44 所示。

### 效果所在位置

云盘/Ch10/效果/制作街舞大赛宣传单.psd。

图 10-44

# 课后习题 1——制作饮水机宣传单

### 习题知识要点

使用栅格化命令、套索工具、钢笔工具制作标题文字；使用创建剪切蒙版命令制作水滴效果；使用收缩和羽化命令制作立体字效果。饮水机宣传单效果如图 10-45 所示。

### 效果所在位置

云盘/Ch10/效果/制作饮水机宣传单.psd。

图 10-45

# 课后习题 2——制作家居宣传单

### 习题知识要点

使用文本工具添加文字信息；使用钢笔工具和文本工具制作路径文字效果；使用圆角矩形工具和自定义形状工具绘制装饰图形。制作家居宣传单效果如图 10-46 所示。

### 效果所在位置

云盘/Ch10/效果/制作家居宣传单.psd。

图 10-46

# 第 11 章　海报设计

海报是广告艺术中的一种大众化载体，又名"招贴"或"宣传画"。海报具有尺寸大、远视性强、艺术性高的特点，在宣传媒介中占有重要的地位。本章以多个主题的海报为例，讲解海报的设计方法和制作技巧。

| 课堂学习目标 | / 了解海报的概念 |
| --- | --- |
| | / 了解海报的种类和特点 |
| | / 了解海报的表现方式 |
| | / 掌握海报的设计思路 |
| | / 掌握海报的制作方法和技巧 |

## 11.1　海报设计概述

海报被广泛张贴于街道、影剧院、展览会、商业闹区、车站、码头、公园等公共场所，用来完成一定的宣传任务。文化类的海报招贴，更加接近于纯粹的艺术表现，是最能张扬个性的一种设计艺术形式，可以在其中注入一个设计师的精神、一个企业的精神，甚至是一个民族、一个国家的精神。商业类的海报招贴具有一定的商业意义，其艺术性服务于商业目的。

### 11.1.1　海报的种类

海报按其用途不同大致可以分为商业海报、文化海报、电影海报和公益海报等，如图 11-1 所示。

商业海报

文化海报

电影海报

公益海报

图 11-1

### 11.1.2　海报的特点

尺寸大：海报被张贴于公共场所，其表现效果会受到周围环境等各种因素的干扰，所以必须以大画面及突出的形象和色彩展现在人们面前。其画面尺寸有全开、对开、长三开及特大画面（八张全开）等。

远视性强：为了给来去匆匆的人们留下视觉印象，除了尺寸大之外，海报设计还要充分体现定位设计的原理，以突出的文字、图形，或对比强烈的色彩，或大面积的空白，或简练的视觉流程，使海报成为视觉焦点。

艺术性高：商业海报的表现形式以具有艺术表现力的摄影、造型写实的绘画为主，让人们感受到真实和幽默；而非商业海报则内容广泛，形式多样，艺术表现力丰富，特别是文化艺术类海报，设计者可以根据主题充分发挥想象力，尽情施展艺术才华。

### 11.1.3  海报的表现方式

文字语言的视觉表现：在海报中，标题的第一功能是吸引注意，第二功能是帮助潜在消费者形成购买意向，第三功能是引导潜在消费者阅读正文。因此，在编排画面时，标题要放在醒目的位置，比如视觉中心。在海报中，标语可以放在画面的任何位置，如果将其放在显要的位置，可以替代标题而发挥作用，如图 11-2 所示。

非文字语言的视觉表现：在海报中，插画的作用十分重要，它比文字更具有表现力。插画主要包括三大功能：吸引消费者注意力、快速将海报主题传达给消费者、促使消费者进一步得知海报信息的细节，如图 11-3 所示。

在海报的视觉表现中，还要注意处理好图文比例的关系，即进行海报的视觉设计时是以文字语言为主，还是以非文字语言为主，要根据具体情况而定。

图 11-2                                         图 11-3

## 11.2  制作商场促销海报

### 11.2.1  案例分析

商场是供应大量产品的零售商店。商场内产品丰富，如服装、纺织品、日用品、食品和娱乐品，是现代人消费、娱乐的重要场所，本例是为商场促销设计制作宣传海报，要抓住促销产品的功能特色和销售卖点进行设计。

在设计思路上，通过富有质感的背景，显示出商场的特点；标题文字立体感强，视觉醒目突出，折扣信息清晰明确，能够使消费者快速接收到主要信息，从而达到宣传效果。时尚漂亮的模特使画面更加美观。

本例将使用渐变和图案叠加命令制作海报背景，使用移动工具添加素材图片，使用图层混合模式选项、不透明度选项制作图形的叠加效果，使用横排文字工具、钢笔工具、合并命令制作标题文字。

### 11.2.2　案例设计

本案例设计流程如图 11-4 所示。

制作海报背景　　　　　　　　　制作标题文字　　　　　　　　　　最终效果

图 11-4

### 11.2.3　案例制作

#### 1.　制作背景图像

（1）按 Ctrl + N 组合键，新建一个文件：宽度为 19 厘米，高度为 25 厘米，分辨率为 300 像素/英寸，颜色模式为 RGB，背景内容为白色，单击"确定"按钮。按住 Alt 键的同时，双击"背景"图层，将"背景"图层转换为普通图层并将其命名为"底图"。

（2）单击"图层"控制面板下方的"添加图层样式"按钮 $fx$，在弹出的菜单中选择"渐变叠加"命令，弹出"图层样式"对话框，将渐变颜色设为从褐色（其 R、G、B 的值分别为 199、126、21）到白色，如图 11-5 所示，单击"确定"按钮，返回到"渐变叠加"对话框中，其他选项的设置如图 11-6 所示，单击"确定"按钮，效果如图 11-7 所示。

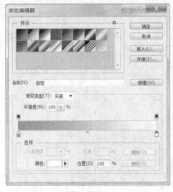  

图 11-5　　　　　　　　　　　　　图 11-6　　　　　　　　　　　　图 11-7

（3）单击"图层"控制面板下方的"添加图层样式"按钮 $fx$，在弹出的菜单中选择"图案叠加"命令，弹出对话框，单击"图案叠加"选项，弹出图案选择面板，单击面板右上方的按钮，在弹出的菜单中选择"彩色纸"选项，弹出提示对话框，单击"追加"按钮。在图案选择面板中选择需要的图案，如图 11-8 所示，其他选项的设置如图 11-9 所示，单击"确定"按钮，效果如图 11-10 所示。

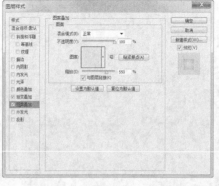

图 11-8　　　　　　　　　　　　　图 11-9　　　　　　　　　　　　　图 11-10

（4）按 Ctrl+O 组合键，打开云盘中的"Ch11 > 素材 > 制作商场促销海报 > 01"文件。选择"移动"工具 ，将 01 图片拖曳到图像窗口中适当的位置，效果如图 11-11 所示，在"图层"控制面板中生成新的图层并将其命名为"底纹 1"。在"图层"控制面板上方，将"底纹 1"图层的"不透明度"选项设为 30%，如图 11-12 所示，按 Enter 键确认操作，效果如图 11-13 所示。

图 11-11　　　　　　　　　　　　图 11-12　　　　　　　　　　　　图 11-13

（5）按 Ctrl+O 组合键，打开云盘中的"Ch11 > 素材 > 制作商场促销海报 > 02"文件。选择"移动"工具 ，将 02 图片拖曳到图像窗口中适当的位置，效果如图 11-14 所示，在"图层"控制面板中生成新的图层并将其命名为"底纹 2"。在"图层"控制面板上方，将"底纹 2"图层的混合模式选项设为"明度"，"不透明度"选项设为 30%，如图 11-15 所示，效果如图 11-16 所示。

图 11-14　　　　　　　　　　　　图 11-15　　　　　　　　　　　　图 11-16

### 2.　制作标题文字

（1）将前景色设为白色。选择"横排文字"工具 ，在适当的位置输入文字并选取文字，在属性栏中选择合适的字体并设置文字大小，效果如图 11-17 所示，在"图层"控制面板中生成新的文字图层。在该图层上单击鼠标右键，在弹出的的菜单中选择"栅格化文字"命令，将文字栅格化，并将其重命名为"合并文字"。

（2）选择"钢笔"工具 ，在属性栏的"选择工具模式"选项中选择"路径"，在图像窗口中分别绘制需要的路径，效果如图 11-18 所示。按 Ctrl+Enter 键，将路径转换为选区，按 Alt+Delete 组合键，用前景色填充选区，按 Ctrl+D 组合键取消选区，效果如图 11-19 所示。

图 11-17　　　　　　　　　图 11-18　　　　　　　　　　　　　　图 11-19

（3）按 Ctrl+T 组合键，图形周围出现变换框，在变换框中单击鼠标右键，在弹出的菜单中选择"变形"命令，分别拖曳控制点到适当的位置，按 Enter 键确认操作，效果如图 11-20 所示。将"合并文字"图层拖曳到"图层"控制面板下方的"创建新图层"按钮  上进行复制，生成新的图层"合并文字 拷贝"，如图 11-21 所示。

图 11-20　　　　　　　　　图 11-21

（4）单击"图层"控制面板下方的"添加图层样式"按钮 ，在弹出的菜单中选择"颜色叠加"命令，弹出"图层样式"对话框，将叠加颜色设为深红色（其 R、G、B 值分别为 139、0、0），其他选项的设置如图 11-22 所示，单击"确定"按钮，按↓键，微调文字的位置，效果如图 11-23 所示。

（5）在"图层"控制面板中，将"合并文字 拷贝"图层拖曳到"合并文字"图层的下方，如图 11-24 所示，图像效果如图 11-25 所示。使用相同方法制作"合并文字 拷贝 2"，效果如图 11-26 所示。

图 11-22　　　　　　　　　　　　　　　　图 11-23

图 11-24　　　　　　　　　图 11-25　　　　　　　　　图 11-26

（6）将前景色设为绿色（其 R、G、B 值分别为 94、84、0）。选择"横排文字"工具 T，在适当的位置输入文字并选取文字，在属性栏中选择合适的字体并设置文字大小，效果如图 11-27 所示，在"图层"控制面板中生成新的文字图层。

（7）按 Ctrl+T 组合键，图形周围出现变换框，在变换框中单击鼠标右键，在弹出的菜单中选择"斜切"命令，拖曳上边中间的控制点到适当的位置，按 Enter 键确认操作，效果如图 11-28 所示。将"合并文字"图层拖曳到控制面板下方的"创建新图层"按钮 上进行复制，生成新的图层"合并文字 拷贝"，设置文字填充颜色为黄色（其 R、G、B 值分别为 254、239、0），按 → 键，微调文字，效果如图 11-29 所示。

图 11-27　　　　　　　　　图 11-28　　　　　　　　　图 11-29

（8）将前景色设为黑色。选择"横排文字"工具 T，在适当的位置输入文字并选取文字，在属性栏中选择合适的字体并设置文字大小，效果如图 11-30 所示，在"图层"控制面板中生成新的文字图层。

（9）选中文字，按 Ctrl+T 组合键，在弹出的"字符"面板中单击"仿斜体"按钮 T，如图 11-31 所示，将文字倾斜，效果如图 11-32 所示。

图 11-30　　　　　　　　　图 11-31　　　　　　　　　图 11-32

（10）将前景色设为红色（其 R、G、B 值分别为 230、21、25）。选择"横排文字"工具 T，在适当的位置输入文字并选取文字，在属性栏中选择合适的字体并设置文字大小，效果如图 11-33 所示，在"图层"控制面板中生成新的文字图层。

（11）选中文字，按 Ctrl+T 组合键，在弹出的"字符"面板中单击"仿斜体"按钮 T，如图 11-34 所示，将文字倾斜，效果如图 11-35 所示。

图 11-33

图 11-34

图 11-35

（12）单击"图层"控制面板下方的"添加图层样式"按钮 *fx*，在弹出的菜单中选择"描边"命令，弹出"图层样式"对话框，将描边颜色设为黄色（其 R、G、B 值分别为 254、247、169）。其他选项的设置如图 11-36 所示，单击"确定"按钮，效果如图 11-37 所示。

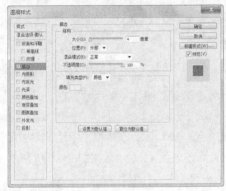

图 11-36

图 11-37

### 3. 添加装饰图片

（1）新建图层并将其命名为"椭圆 1"。将前景色设为米黄色（其 R、G、B 值分别为 255、246、186）。选择"椭圆"工具 ，在属性栏的"选择工具模式"选项中选择"像素"，按住 Shift 键的同时，在图像窗口中拖曳鼠标绘制圆形，效果如图 11-38 所示。

（2）在"图层"控制面板上方，将"椭圆 1"图层的"不透明度"选项设为 60%，图形效果如图 11-39 所示。

（3）按 Ctrl+O 组合键，打开云盘中的"Ch11 > 素材 > 制作商场促销海报 > 03"文件，选择"移动"工具 ，将文字图片拖曳到图像窗口中适当的位置，如图 11-40 所示，在"图层"控制面板中生成新的图层并将其命名为"折扣信息"。

图 11-38

图 11-39

图 11-40

（4）将前景色设为蓝色（其 R、G、B 值分别为 59、178、196）。选择"矩形"工具 ▣，在属性栏的"选择工具模式"选项中选择"像素"，在图像窗口中的适当位置拖曳鼠标绘制图形，效果如图 11-41 所示。使用相同方法绘制其他矩形，效果如图 11-42 所示。

（5）按 Ctrl+O 组合键，打开云盘中的"Ch11 > 素材 > 制作商场促销海报 > 04"文件，选择"移动"工具 ⊹，将人物图片拖曳到图像窗口中适当的位置并调整其大小，效果如图 11-43 所示，在"图层"控制面板中生成新的图层并将其命名为"模特"。

图 11-41           图 11-42           图 11-43

（6）将前景色设为黑色。选择"横排文字"工具 T，在适当的位置分别输入需要的文字，选取文字，在属性栏中分别选择合适的字体并设置文字大小，效果如图 11-44 所示，在"图层"控制面板中生成新的文字图层。

（7）选择"横排文字"工具 T，选取文字"50 元—500 元"，在属性栏中设置文字大小，填充文字为白色，效果如图 11-45 所示。选取最下方文字，填充文字为白色，效果如图 11-46 所示。促销海报制作完成。

图 11-44           图 11-45           图 11-46

## 11.3 制作摄影展海报

### 11.3.1 案例分析

摄影展是为摄影爱好者举办的摄影文化交流活动，是要通过展示摄影者的摄影作品达到传播摄影文化与艺术的目的。通过举办摄影展，可以增强摄影爱好者之间的艺术与审美交流，展示摄影的艺术魅力，并达到宣传的效果。

在设计思路上，通过素雅的背景设计烘托出摄影展的艺术氛围。海报设计要具有创意，分割的图片设计使画面层次丰富，主题明确；斜切的画面使海报整体更具流畅感；文字与图片各占一半，使画面看起来更加清晰，艺术氛围更加强烈。

　　本例将使用矩形工具和斜切命令制作背景图形，使用创建剪切蒙版命令制作图片效果，使用文字工具添加文字，使用自定义形状工具添加图形。

### 11.3.2　案例设计

　　本案例设计流程如图 11-47 所示。

制作海报背景　　　　　添加图片素材　　　　　添加标题文字　　　　　最终效果

图 11-47

### 11.3.3　案例制作

#### 1.　制作海报背景

　　（1）按 Ctrl + N 组合键，新建一个文件：宽度为 25 厘米，高度为 19 厘米，分辨率为 300 像素/英寸，颜色模式为 RGB，背景内容为白色，单击"确定"按钮。将前景色设为米黄色（其 R、G、B 的值分别为 255、254、238），按 Alt + Delete 组合键，用前景色填充"背景"图层，效果如图 11-48 所示。

　　（2）新建图层并将其命名为"矩形 1"。将前景色设为淡绿色（其 R、G、B 值分别为 229、242、222）。选择"矩形"工具█，在属性栏的"选择工具模式"选项中选择"像素"，在图像窗口中的适当位置拖曳鼠标绘制图形，效果如图 11-49 所示。

　　（3）按 Ctrl+T 组合键，图像周围出现变换框，按住 Shift+Ctrl 组合键的同时，拖曳变换框的控制手柄，调整图形形状，按 Enter 键确认操作，效果如图 11-50 所示。

图 11-48　　　　　　　　　　图 11-49　　　　　　　　　　图 11-50

　　（4）新建图层并将其命名为"矩形 2"。将前景色设为浅绿色（其 R、G、B 值分别为 231、213、203）。选择"矩形"工具█，在图像窗口中适当的位置绘制矩形，效果如图 11-51 所示。

　　（5）按 Ctrl+T 组合键，图像周围出现变换框，按住 Shift+Ctrl 组合键的同时，拖曳变换框的控制手柄，调整图形形状，按 Enter 键确认操作，效果如图 11-52 所示。在"图层"控制面板上方，将"矩形 2"图层的"不透明度"选项设为 60%，如图 11-53 所示，图形效果如图 11-54 所示。使用相同方法制作其他矩形，效果如图 11-55 所示。

图 11-51　　　　　　　　　　　　　图 11-52

图 11-53　　　　　　　　图 11-54　　　　　　　　图 11-55

## 2. 添加并编辑图片

（1）单击"图层"控制面板下方的"创建新组"按钮 ，生成新的图层组并将其命名为"照片"。新建图层并将其命名为"矩形 4"。将前景色设为白色，选择"矩形"工具 ▣，在图像窗口中的适当位置拖曳鼠标绘制矩形，效果如图 11-56 所示。

（2）按 Ctrl+T 组合键，图像周围出现变换框，按住 Shift+Ctrl 组合键的同时，拖曳变换框的控制手柄，调整图形形状，按 Enter 键确认操作，效果如图 11-57 所示。

图 11-56　　　　　　　　　　　　　图 11-57

（3）按 Ctrl+O 组合键，打开云盘中的"Ch11 > 素材 > 制作摄影展海报 > 01"文件，选择"移动"工具 ，将图片拖曳到图像窗口中适当的位置，效果如图 11-58 所示，在"图层"控制面板中生成新的图层并将其命名为"照片 1"。

（4）在"图层"控制面板中，按住 Alt 键的同时，将鼠标放在"矩形 4"图层和"照片 1"图层的中间，鼠标变为 ↓□，单击鼠标，创建剪贴蒙版，效果如图 11-59 所示。使用相同方法制作其他照片效果，如图 11-60 所示。

（5）单击"照片"图层组左侧的三角形图标 ▼，将"照片"图层组中的图层隐藏。单击"图层"控制面板下方的"创建新组"按钮 ▣，生成新的图层组并将其命名为"线"。

図 11-58　　　　　　　図 11-59　　　　　　　図 11-60

（6）新建图层并将其命名为"线 1"。将前景色设为绿色（其 R、G、B 的值分别为 128、154、100）。选择"直线"工具 ✎，在属性栏的"选择工具模式"选项中选择"像素"，将"粗细"选项设为 5 像素，在图像窗口中拖曳鼠标绘制一条直线，如图 11-61 所示。使用相同方法制作其他线，效果如图 11-62 所示。

図 11-61　　　　　　　図 11-62

（7）单击"线"图层组左侧的三角形图标 ▾，将"线"图层组中的图层隐藏。单击"图层"控制面板下方的"创建新组"按钮 ▭，生成新的图层组并将其命名为"椭圆"。新建图层并将其命名为"椭圆 1"。选择"椭圆"工具 ⬤，在属性栏的"选择工具模式"选项中选择"像素"，按住 Shift 键的同时，在图像窗口中分别标绘制圆形，效果如图 11-63 所示。单击"椭圆"图层组左侧的三角形图标 ▾，将"椭圆"图层组中的图层隐藏。

（8）选择"横排文字"工具 Ｔ，在适当的位置分别输入需要的文字并选取文字，在属性栏中选择合适的字体并设置文字大小，效果如图 11-64 所示，在"图层"控制面板中分别生成新的文字图层。

図 11-63　　　　　　　図 11-64

### 3.　添加标题文字

（1）将前景色设为深绿色（其 R、G、B 值分别为 0、48、1）。选择"横排文字"工具 Ｔ，在适当的位置分别输入需要的文字并选取文字，在属性栏中分别选择合适的字体并设置文字大小，效果如图 11-65 所示，在"图层"控制面板中分别生成新的文字图层。

（2）选择"横排文字"工具 T，选取英文"WORLD"，如图 11-66 所示，在属性栏中选择合适的字体，并填充文字为绿色（其 R、G、B 的值分别为 75、129、76），效果如图 11-67 所示。

图 11-65　　　　　　　　图 11-66　　　　　　　　图 11-67

（3）将前景色设为蓝色（其 R、G、B 值分别为 78、165、185）。选择"横排文字"工具 T，分别输入需要的文字并选取文字，从属性栏中分别选择合适的字体并设置文字大小，效果如图 11-68 所示，在"图层"控制面板中分别生成新的文字图层。

（4）将前景色设为深绿色（其 R、G、B 值分别为 0、48、1），选择"自定形状"工具，单击面板右上方的按钮，在弹出的菜单中选择"形状"选项，弹出提示对话框，单击"确定"按钮。在"形状"面板中选中图形"模糊点 2"，如图 11-69 所示。在属性栏的"选择工具模式"选项中选择"像素"，按住 Shift 键的同时，在图像窗口中拖曳鼠标绘制图形，效果如图 11-70 所示。

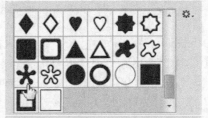

图 11-68　　　　　　　　图 11-69　　　　　　　　图 11-70

（5）将前景色设为灰色（其 R、G、B 值分别为 70、70、70）。选择"横排文字"工具 T，在适当的位置分别输入需要的文字并选取文字，在属性栏中分别选择合适的字体并设置文字大小，效果如图 11-71 所示，在"图层"控制面板中分别生成新的文字图层。

（6）选取需要的文字，如图 11-72 所示，在属性栏中选择合适的字体，并设置文字填充色为黑色，效果如图 11-73 所示。

图 11-71　　　　　　　　图 11-72　　　　　　　　图 11-73

（7）按 Ctrl+O 组合键，打开云盘中的"Ch11 > 素材 > 制作摄影展海报 > 06"文件，选择"移动"工具 ，将图片拖曳到图像窗口中适当的位置，效果如图 11-74 所示，在"图层"控制面板中生成新的图层并将其命名为"相机"。摄影展海报制作完成，效果如图 11-75 所示。

图 11-74 图 11-75

## 课堂练习 1——制作结婚钻戒海报

**练习知识要点**

使用渐变工具和移动工具制作背景底图；使用自定形状工具、直线工具和横排文字工具制作商标文字；使用画笔工具、载入画笔命令绘制星光。结婚钻戒海报效果如图 11-76 所示。

**效果所在位置**

云盘/Ch11/效果/制作结婚钻戒海报.psd。

图 11-76

## 课堂练习 2——制作家具广告海报

**练习知识要点**

使用矩形工具和横排文字工具制作 Logo；使用多边形工具、矩形工具和文字工具添加内容文字；使用横排文字工具添加介绍性文字。家具广告海报效果如图 11-77 所示。

**效果所在位置**

云盘/Ch11/效果/制作家具广告海报.psd。

图 11-77

## 课后习题 1——制作电影海报

📖 **习题知识要点**

使用画笔工具、载入画笔命令绘制人物剪影；使用横排文字工具、直线工具和多边形工具制作标题文字；使用移动工具添加建筑剪影。电影海报效果如图 11-78 所示。

📖 **效果所在位置**

云盘/Ch11/效果/制作电影海报.psd。

图 11-78

## 课后习题 2——制作音乐节海报

📖 **习题知识要点**

使用多边形套索工具绘制图形；使用横排文字工具添加白色区域文字；使用描边命令为文字添加描边效果；使用多边形工具、椭圆工具绘制装饰图形；使用文字工具输入宣传性文字。音乐节海报效果如图 11-79 所示。

📖 **效果所在位置**

云盘/Ch11/效果/制作音乐节海报.psd。

图 11-79

# 第 12 章　广告设计

广告以多样的形式出现在城市中，是城市商业发展的写照。广告一般通过电视、报纸等媒体来发布。好的户外广告要强化视觉冲击力，抓住观众的眼球。本章以多个题材的广告为例，讲解广告的设计方法和制作技巧。

| 课堂学习目标 | / 了解广告的概念 |
| --- | --- |
| | / 了解广告的特点 |
| | / 了解广告的分类 |
| | / 掌握广告的设计思路 |
| | / 掌握广告的表现手段 |
| | / 掌握广告的制作技巧 |

## 12.1　广告设计概述

广告是为了某种特定的需要，通过一定的媒体形式公开而广泛地向公众传递信息的宣传手段，它的本质是传播，广告效果如图 12-1 所示。

图 12-1

### 12.1.1　广告的特点

广告不同于一般大众传播和宣传活动，其特点主要表现如下：

（1）广告是一种传播工具，是将某一种商品的信息，由商品的生产或经营机构（广告主）传送给一群用户和消费者。

（2）刊登广告需要付费。

（3）通过广告进行的传播活动是带有说服性的。

（4）广告活动是有目的、有计划的，是连续的。

（5）不仅广告主可以通过刊登广告获益，而且受众也可以借助广告获得有用信息。

### 12.1.2 广告的分类

由于分类的标准不同，看待问题的角度各异，导致广告的种类很多。

（1）以传播媒介为标准可分为：报纸广告、杂志广告、电视广告、电影广告、网络广告、包装广告、广播广告、招贴广告、POP 广告、交通广告、直邮广告等。随着新媒介的不断增加，依媒介划分的广告种类也会越来越多。

（2）以广告目的为标准可分为：产品广告、企业广告、品牌广告、观念广告、公益广告。

（3）以广告传播范围为标准可分为：国际性广告、全国性广告、地方性广告、区域性广告。

## 12.2 制作豆浆机广告

### 12.2.1 案例分析

豆浆是中国汉族传统饮品，豆浆营养非常丰富，且易于消化吸收。与西方的牛奶不同，豆浆是非常具有中国民族特色的食品，所以人们对豆浆机的需求也越来越大。本例是为品牌豆浆机制作的广告，要求突出产品特色。

在设计思路上，使用明亮的黄色作为广告背景，使画面更加醒目；标题文字设计具有创意，立体感强，丰富了画面的空间效果；红、黄的色彩搭配使画面丰富多彩，通过标题文字和豆浆机产品图片的完美结合，突出显示广告主体，画面整体具有活力与动感。

本例将使用纹理化滤镜命令和图层混合模式命令制作背景效果，分别使用加深工具和减淡工具制作出豆浆杯的阴影和高光部分，使用文字工具输入宣传性文字，使用自由变换命令制作标题文字。

### 12.2.2 案例设计

本案例设计流程如图 12-2 所示。

制作背景　　　　　编辑文字　　　　　最终效果

图 12-2

### 12.2.3 案例制作

（1）按 Ctrl + O 组合键，打开云盘中的"Ch12 > 素材 > 制作豆浆机广告 > 01"文件，如图 12-3 所示。

（2）选择"滤镜 > 滤镜库"命令，在弹出的对话框中进行设置，如图 12-4 所示，单击"确定"按钮，效果如图 12-5 所示。

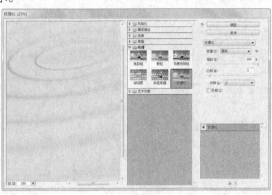

图 12-3　　　　　　　　　　　　图 12-4　　　　　　　　　　　　图 12-5

（3）按 Ctrl + O 组合键，打开云盘中的"Ch12 > 素材 > 制作豆浆机广告 > 02"文件，选择"移动"工具 ，将图片拖曳到图像窗口中适当的位置，效果如图 12-6 所示，在"图层"控制面板中生成新的图层并将其命名为"图片"。

（4）在"图层"控制面板上方，将"图片"图层的混合模式选项设为"正片叠底"，如图 12-7 所示，效果如图 12-8 所示。

图 12-6　　　　　　　　　　　　图 12-7　　　　　　　　　　　　图 12-8

（5）按 Ctrl + O 组合键，打开云盘中的"Ch12 > 素材 >制作豆浆机广告 > 03"文件，选择"移动"工具 ，将图片拖曳到图像窗口中适当的位置，效果如图 12-9 所示，在"图层"控制面板中生成新的图层并将其命名为"杯子"。

（6）选中"杯子"图层，选择"加深"工具 和"减淡"工具 ，在图像窗口中的杯子图形上进行涂抹，效果如图 12-10 所示。

图 12-9　　　　　　　　图 12-10

（7）按 Ctrl + O 组合键，打开云盘中的"Ch12 > 素材 >制作豆浆机广告 > 04"文件，选择"移动"工具，将图片拖曳到图像窗口中适当的位置，效果如图 12-11 所示，在"图层"控制面板中生成新的图层并将其命名为"黄豆"。

（8）在"图层"控制面板上方，将"黄豆"图层的混合模式选项设为"线性加深"，如图 12-12 所示，效果如图 12-13 所示。

图 12-11　　　　　　　　　图 12-12　　　　　　　　　图 12-13

（9）按 Ctrl + O 组合键，打开云盘中的"Ch12 > 素材 >制作豆浆机广告 > 05"文件，选择"移动"工具，将图片拖曳到图像窗口中适当的位置，效果如图 12-14 所示，在"图层"控制面板中生成新的图层并将其命名为"豆浆机"。

（10）将前景色设为白色，选择"横排文字"工具，在属性栏中选择合适的字体并设置文字大小，在适当的位置输入需要的文字并选取文字，效果如图 12-15 所示，在"图层"控制面板中生成新的文字图层。

图 12-14　　　　　　　　　图 12-15

（11）按 Ctrl+T 组合键，在图像周围出现控制手柄，拖曳鼠标调整图片的大小及位置，在变框中单击鼠标右键，在弹出的菜单中选择"斜切"命令，分别拖曳控制点到适当的位置，制作出按 Enter 键确认操作，效果如图 12-16 所示。使用相同方法制作其他文字，效果如图 12-17 所示。

图 12-16　　　　　　　　　图 12-17

（12）将前景色设为褐色（其 R、G、B 的值分别为 82、18、1），选择"横排文字"工具 T，在属性栏中选择合适的字体并设置文字大小，在适当的位置输入需要的文字并选取文字，效果如图 12-18 所示，在"图层"控制面板中生成新的文字图层。

（13）新建图层并将其命名为"圆"。选择"椭圆"工具 ⬤，在属性栏的"选择工具模式"选项中选择"像素"，按住 Shift 键的同时，在图像窗口中拖曳鼠标绘制圆形，效果如图 12-19 所示。

图 12-18　　　　　　　　　　　图 12-19

（14）按住 Alt 键的同时，向下拖曳图形到适当的位置，复制图形，如图 12-20 所示，在图层控制面板中生成新的图层"圆 拷贝"，使用相同的方法制作"圆 拷贝 2"、"圆 拷贝 3"，如图 12-21 所示。

图 12-20　　　　　　　　　　　图 12-21

（15）选择"横排文字"工具 T，在属性栏中选择合适的字体并设置文字大小，在适当的位置分别输入需要的文字并选取文字，效果如图 12-22 所示，在"图层"控制面板中生成新的文字图层。

（16）选择"横排文字"工具 T，在属性栏中选择合适的字体并设置文字大小，在适当的位置输入需要的文字并选取文字，效果如图 12-23 所示，在"图层"控制面板中生成新的文字图层。

（17）按 Ctrl＋O 组合键，打开云盘中的"Ch12＞素材＞制作豆浆机广告＞06"文件，选择"移动"工具 ➤，将图片拖曳到图像窗口中适当的位置，效果如图 12-24 所示，在"图层"控制面板中生成新的图层并将其命名为"标志"。豆浆机广告制作完成。

图 12-22　　　　　　　　　　图 12-23　　　　　　　　　　图 12-24

## 12.3 ▾ 制作雪糕广告

### 12.3.1 案例分析

雪糕是夏天清凉爽口的最佳食品，得到大众的喜爱和追捧。随着不断地创新与研制，各种不同口味的雪糕在市场上随处可见。本例是为即将上市的雪糕产品制作宣传广告，要求突出宣传特色，达到宣传目的。

在设计制作过程中，使用旋转的线条和喷溅的牛奶图片形成视觉中心，达到烘托气氛和介绍产品的作用；使用产品图片展示出雪糕的特色，并使版面设计产生空间变化。通过使用降低透明度的文字，使画面看起来更加凉爽舒适。

本例将使用滤镜制作背景效果，使用色相/饱和度命令调整雪糕颜色，使用移动工具添加标题文字。

### 12.3.2 案例设计

本案例设计流程如图 12-25 所示。

制作背景       编辑素材       最终效果

图 12-25

### 12.3.3 案例制作

#### 1．制作背景装饰图

（1）按 Ctrl+O 组合键，打开云盘中的"Ch12 > 素材 > 制作雪糕广告 > 01"文件，效果如图 12-26 所示。将前景色设为白色。新建图层并将其命名为"波纹"。选择"画笔"工具 ✎，在属性栏中单击"画笔"选项右侧的按钮 ·，弹出画笔选择面板，在画笔选择面板中需要的画笔形状，其他选项的设置如图 12-27 所示。按住 Shift 键的同时在适当的位置绘制图形，效果如图 12-28 所示。

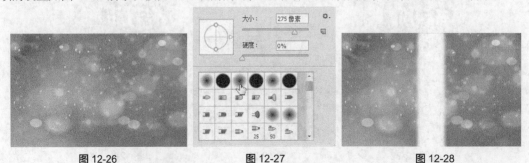

图 12-26       图 12-27       图 12-28

（2）选择"滤镜 > 扭曲 > 旋转扭曲"命令，在弹出的对话框中进行设置，如图 12-29 所示，单击"确定"按钮。选择"滤镜 > 模糊 > 高斯模糊"命令，在弹出的对话框中进行设置，如图 12-30 所示，单击"确定"按钮，效果如图 12-31 所示。选择"移动"工具 ，将图形拖曳到图像窗口中适当的位置，效果如图 12-32 所示。

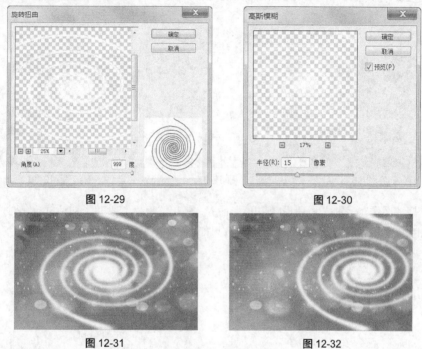

图 12-29　　　　　　　　　　　　　　　图 12-30

图 12-31　　　　　　　　　　　　图 12-32

### 2．添加并编辑图片和标志

（1）按 Ctrl+O 组合键，打开云盘中的"Ch12 > 素材 > 制作雪糕广告 > 02、03"文件。选择"移动"工具 ，分别将图片拖曳到图像窗口中适当的位置，效果如图 12-33 所示。在"图层"控制面板中生成新的图层并将其命名为"云"、"雪糕"。

（2）选择"雪糕"图层。选择"图像 > 调整 > 色相/饱和度"命令，弹出"色相/饱和度"对话框，选项的设置如图 12-34 所示，单击"确定"按钮，效果如图 12-35 所示。

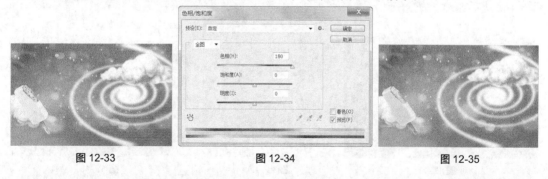

图 12-33　　　　　　　　　　图 12-34　　　　　　　　　　图 12-35

（3）按 Ctrl+O 组合键，打开云盘中的"Ch12 > 素材 > 制作雪糕广告 > 03"文件。选择"移动"工具 ，将图片拖曳到图像窗口中适当的位置。在"图层"控制面板中生成新的图层并将其命名为"雪糕 拷贝"。按 Ctrl+T 组合键，图形周围出现变换框，将鼠标光标放在变换框控制手柄的附近，光标变

223

为旋转图标↰，拖曳鼠标将图形旋转到适当的角度，按 Enter 键确认操作，效果如图 12-36 所示。

（4）按 Ctrl+J 组合键，复制"雪糕 拷贝"图层，生成新的图层"雪糕 拷贝 2"，如图 12-37 所示。按 Ctrl+T 组合键，图形周围出现变换框，将鼠标光标放在变换框控制手柄的附近，光标变为旋转图标↰，拖曳鼠标将图形旋转到适当的角度，并调整其位置，按 Enter 键确认操作，效果如图 12-38 所示。

图 12-36

图 12-37

图 12-38

（5）选择"图像 > 调整 > 色相/饱和度"命令，弹出"色相/饱和度"对话框，在对话框中进行设置，如图 12-39 所示。单击"确定"按钮，效果如图 12-40 所示。

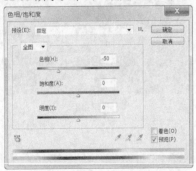
图 12-39

图 12-40

（6）按 Ctrl+O 组合键，打开云盘中的"Ch12 > 素材 > 制作雪糕广告 > 04"文件。选择"移动"工具，将图片拖曳到图像窗口中的适当位置，效果如图 12-41 所示。在"图层"控制面板中生成新的图层并将其命名为"牛奶"。

图 12-41

图 12-42

图 12-43

（7）在"图层"控制面板中，将"牛奶"图层拖曳到"雪糕"图层的下方，如图 12-42 所示，效果如图 12-43 所示。

（8）按 Ctrl+O 组合键，打开云盘中的"Ch12 > 素材 > 制作雪糕广告 > 05、06"文件。选择"移动"工具 ⊕，分别将图片拖曳到图像窗口中的适当位置，效果如图 12-44 所示。在"图层"控制面板中生成新的图层并将其命名为"装饰"、"文字"。雪糕广告制作完成。

图 12-44

# 课堂练习 1——制作婴儿产品广告

### 🔲 练习知识要点

使用椭圆选框命令、高斯模糊命令制作阳光效果；使用自定形状工具和图层控制面板制作装饰心形；使用动感模糊命令为图片添加模糊效果；使用亮度/对比度命令调整图片颜色；使用文字工具添加广告宣传文字。婴儿产品广告效果如图 12-45 所示。

图 12-45

### 🔲 效果所在位置

云盘/Ch12/效果/制作婴儿产品广告.psd。

# 课堂练习 2——制作液晶电视广告

### 🔲 练习知识要点

使用钢笔工具绘制蓝色区隔；使用圆角矩形工具和添加图层样式命令绘制圆角矩形框并添加样式；使用图层蒙版和渐变工具制作投影效果；使用横排文字工具添加介绍文字。液晶电视广告效果如图 12-46 所示。

### 🔲 效果所在位置

云盘/Ch12/效果/制作液晶电视广告.psd。

图 12-46

# 课后习题 1——制作手机广告

### 习题知识要点

使用椭圆工具和高斯模糊命令制作高光；使用钢笔工具、添加图层样式命令和图层蒙版工具制作背景形状图形；使用曲线调整层调整图像。手机广告效果如图 12-47 所示。

### 效果所在位置

云盘/Ch12/效果/制作手机广告.psd。

图 12-47

# 课后习题 2——制作汽车广告

### 习题知识要点

使用图层混合模式命令制作背景底图；使用矩形工具、变换命令、钢笔工具绘制装饰图形；使用椭圆工具、矩形工具、路径选择工具制作标志。汽车广告效果如图 12-48 所示。

### 效果所在位置

云盘/Ch12/效果/制作汽车广告.psd

图 12-48

# 第 13 章　书籍装帧设计

精美的书籍装帧设计可以使读者享受到阅读的愉悦。书籍装帧整体设计所需要考虑的项目包括开本设计、封面设计、版本设计、使用材料等内容。本章以多个主题的书籍设计为例，讲解封面的设计方法和制作技巧。

| 课堂学习目标 | / 了解书籍装帧设计的概念 |
| --- | --- |
| | / 了解书籍装帧设计的结构 |
| | / 掌握书籍装帧的设计思路 |
| | / 掌握书籍装帧的表现手段 |
| | / 掌握书籍装帧的制作技巧 |

## 13.1　书籍装帧设计概述

书籍装帧设计是指书籍的整体设计，它包括的内容很多，其中，封面、扉页和插图设计是三大主体设计要素。

### 13.1.1　书籍结构图

书籍结构如图 13-1 所示。

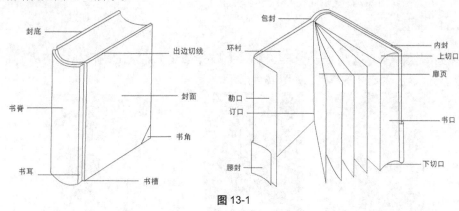

图 13-1

### 13.1.2　封面

封面是书籍的外表和标志，兼有保护书籍内文页和美化书籍外在形态的作用，是书籍装帧的重要组成部分，如图 13-2 所示。封面包括平装和精装两种。

要把书籍的封面设计好，就要注意把握书籍封面的 5 个要素：文字、材料、图案、色彩和工艺。

图 13-2

### 13.1.3　扉页

扉页是指封面或环衬页后的一页。上面所载的文字内容与封面的要求类似，但要比封面文字的内容详尽。扉页的背面可以是空白的，也可以适当加一点图案进行装饰点缀。

除向读者介绍书名、作者名和出版社名外，扉页还是书的入口和序曲，因而是书籍内部设计的重点。它的设计要能表现出书籍的内容、时代精神和作者风格，如图 13-3 所示。

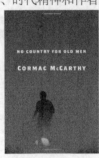

图 13-3

### 13.1.4　插图

插图设计是活跃书籍内容的一个重要因素。有了它，读者就能充分发挥想象力，从而加深对内容的理解，并获得一种艺术的享受，如图 13-4 所示。

图 13-4

### 13.1.5　正文

书籍的核心和最基本的部分是正文，它是书籍设计的基础。正文设计的主要任务是方便读者，减少阅读的困难和疲劳，同时给读者以美的享受，如图 13-5 所示。

正文包括几大要素：开本、版心、字体、行距、重点标志、段落起行、页码、标题、注文。

图 13-5

## 13.2　制作青少年读物书籍封面

### 13.2.1　案例分析

出版青少年读物是本着兴趣、健康、活泼、有益的原则，以达到引导青少年进行阅读的目的，关键在于培养孩子读书的好习惯。本例是为青少年读物制作封面，要求体现青春的美好与希望。

在设计思路上，淡蓝色墨染的背景营造出朦胧清爽的感觉；红衣少女和红色的花朵与背景相得益彰，使画面更加丰富，意境更加优美；通过对书籍名称和文字的设计，使其更好地与书的内容和主题相呼应，表现出青春的魅力；封底和书脊的设计与封面相呼应，使整个设计和谐统一，体现出浪漫的青春感觉。

本例将使用新建参考线命令分割页面，使用文字工具和绘图工具制作封面，使用矩形工具、文字工具制作腰封。

### 13.2.2　案例设计

本案例设计流程如图 13-6 所示。

制作封面　　制作书脊　　　　制作书脊和腰封　　　　　　　最终效果

图 13-6

### 13.2.3　案例制作

#### 1．制作封面

（1）按 Ctrl + N 组合键，新建一个文件：宽度为 22.5 厘米，高度为 14.8 厘米，分辨率为 300 像素/英寸，颜色模式为 RGB，背景内容为白色，单击"确定"按钮。

（2）选择"视图 > 新建参考线"命令，弹出"新建参考线"对话框，选项的设置如图 13-7 所示，单击"确定"按钮，效果如图 13-8 所示。用相同的方法，在 12cm 处新建垂直参考线，效果如图 13-9 所示。

（3）按 Ctrl+O 组合键，打开云盘中的"Ch13 > 素材 > 制作青年读物书籍封面 > 01、02"文件，选择"移动"工具 ，分别将图片拖曳到图像窗口中的适当位置，如图 13-10 所示，在"图层"控制面板中分别生成新的图层并将其命名为"底图"、"女孩"。

图 13-7              图 13-8

图 13-9              图 13-10

（4）单击"图层"控制面板下方的"创建新组"按钮 ，生成新的图层组并将其命名为"书名"。将前景色设为蓝色（其 R、G、B 值分别为 17、142、170），选择"直排文字"工具 ，在适当的位置分别输入需要的文字并选取文字，在属性栏中选择合适的字体并设置文字大小，效果如图 13-11 所示。

（5）在适当的位置再次输入需要需要的文字，按 Alt+ →，调整文字适当间距，效果如图 13-12 所示，在"图层"控制面板中生成新的文字图层。

图 13-11              图 13-12

（6）将前景色设为黑色。选择"直排文字"工具 ，在适当的位置分别输入需要的文字并选取文字，在属性栏中分别选择合适的字体并设置文字大小，并调整文字适当间距，效果如图 13-13 所示。

（7）新建图层并将其命名为"绘制直线"。选择"直线"工具 ╱，在属性栏的"选择工具模式"选项中选择"像素"，将"粗细"选项设为 2 像素，按住 Shift 键的同时，在适当的位置拖曳鼠标绘制一条直线，效果如图 13-14 所示。

（8）新建图层并将其命名为"绘制圆形"。将前景色设为蓝色（其 R、G、B 值分别为 17、142、170），选择"椭圆"工具 ⬤，在属性栏的"选择工具模式"选项中选择"像素"，按住 Shift 键的同时，在图像窗口中拖曳鼠标绘制圆形，效果如图 13-15 所示。

（9）将前景色设为白色。选择"直排文字"工具 ｜Ｔ｜，在适当的位置输入需要的文字并选取文字，在属性栏中选择合适的字体并设置文字大小，并适当调整文字间距，效果如图 13-16 所示。单击"书名"图层组左侧的三角形图标 ▾，将"书名"图层组中的图层隐藏。

图 13-13　　　　　图 13-14　　　　　图 13-15　　　　　图 13-16

### 2．制作书脊

（1）单击"图层"控制面板下方的"创建新组"按钮 ▭，生成新的图层组并将其命名为"书脊"。新建图层并将其命名为"圆角矩形"。选择"圆角矩形"工具 ⬤，在属性栏的"选择工具模式"选项中选择"像素"，将"半径"选项设为 10 像素，在图像窗口中拖曳鼠标绘制圆角矩形，效果如图 13-17 所示。

（2）按 Ctrl+O 组合键，打开云盘中的"Ch13 > 素材 > 制作青年读物书籍封面 > 03"文件，选择"移动"工具 ▸♦，将图片拖曳到图像窗口中的适当位置，如图 13-18 所示，在"图层"控制面板中生成新的图层并将其命名为"标志"。

（3）将前景色设为黑色。选择"横排文字"工具 Ｔ，在属性栏中选择合适的字体并设置文字大小，在适当的位置输入需要的文字并选取文字，单击"居中对齐文本"按钮 ☰，按 Alt+ → 组合键，适当调整文字间距，效果如图 13-19 所示，在"图层"控制面板中生成新的文字图层。

图 13-17　　　　　　　图 13-18　　　　图 13-19

（4）选择"书名"图层组，按住 Shift 键的同时，依次单击需要的图层，将其同时选取，如图 13-20 所示。将选中的图层拖曳到控制面板下方的"创建新图层"按钮 ▫ 上进行复制，生成新的副本图层，如图 13-21 所示，将选中的图层拖曳到"书脊"图层组中，如图 13-22 所示，选择"移动"工具 ▸♦，

231

在图像窗口中分别拖曳复制出的文字和图形，到图像窗口中适当的位置并调整其大小，效果如图 13-23 所示。单击"书脊"图层组左侧的三角形图标 ，将"书脊"图层组中的图层隐藏。

图 13-20

图 13-21

图 13-22

图 13-23

### 3．制作腰封

（1）选择"横排文字"工具 T ，在属性栏中选择合适的字体并设置文字大小，在适当的位置输入需要的文字并选取文字，设置文字填充色为黑色，按 Alt+→ 组合键，调整文字适当间距，效果如图 13-24 所示，在"图层"控制面板中生成新的文字图层。

（2）单击"图层"控制面板下方的"创建新组"按钮 ，生成新的图层组并将其命名为"腰封"。将前景色设为淡蓝色（其 R、G、B 值分别为 253、252、230）。新建图层并将其命名为"矩形 1"。选择"矩形"工具 ，在属性栏的"选择工具模式"选项中选择"像素"，在图像窗口中拖曳鼠标绘制矩形，效果如图 13-25 所示。

（3）将前景色设为黑色。选择"直排文字"工具 T ，在属性栏中选择合适的字体并设置文字大小，在适当的位置输入需要的文字并选取文字，适当调整文字间距，效果如图 13-26 所示。

图 13-24

图 13-25

图 13-26

（4）选择"书脊"图层组，按住 Shift 键的同时，依次单击需要的图层，将其同时选取，如图 13-27 所示。将选中的图层拖曳到控制面板下方的"创建新图层"按钮 上进行复制，生成新的副本图层，如图 13-28 所示，将选中的图层拖曳到"腰封"图层组中，如图 13-29 所示，选择"移动"工具 ，在图像窗口中分别拖曳复制图形，到图像窗口中的适当的位置，并调整其大小，效果如图 13-30 所示。

（5）将前景色设为蓝色（其 R、G、B 值分别为 17、142、170）。选择"横排文字"工具 T ，在属性栏中选择合适的字体并设置文字大小，在适当的位置输入需要的文字并选取文字，单击"右对齐文本"按钮 ，按 Alt+→ 组合键，适当调整文字间距，效果如图 13-31 所示，在"图层"控制面板中生成新的文字图层。选取文字，如图 13-32 所示，在属性栏中选择合适的字体并设置文字大小，填充文字为黑色，效果如图 13-33 所示。使用相同方法调整其他文字，效果如图 13-34 所示。

图 13-27          图 13-28          图 13-29          图 13-30

图 13-31          图 13-32

图 13-33          图 13-34

（6）新建图层并将其命名为"绘制直线"。将前景色设为黑色。选择"直线"工具 ✏，在属性栏的"选择工具模式"选项中选择"像素"，将"粗细"选项设为 2 像素，按住 Shift 键的同时，在适当的位置拖曳鼠标绘制一条直线，效果如图 13-35 所示。

（7）将前景色设为黑色。选择"横排文字"工具 T，在图像窗口中鼠标光标变为 I 图标，单击并按住鼠标不放，向右下方拖曳鼠标，在图像窗口中拖曳出一个段落文本框，如图 13-36 所示。在文本框中输入需要的文字，在属性栏中选择合适的字体并设置大小，效果如图 13-37 所示。选中文字，按 Ctrl+T 组合键，在弹出的"字符"面板中设置，如图 13-38 所示，效果如图 13-39 所示。

图 13-35          图 13-36

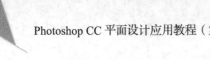

图 13-37　　　　　　　　图 13-38　　　　　　　　图 13-39

（8）按 Ctrl+O 组合键，打开云盘中的"Ch13 > 素材 > 制作青年读物书籍封面 > 04"文件，选择"移动"工具 ，将图片拖曳到图像窗口中的适当位置，如图 13-40 所示，在"图层"控制面板中生成新的图层并将其命名为"条码"。

（9）选择"直排文字"工具 ，在适当的位置输入需要的文字并选取文字，在属性栏中选择合适的字体并设置文字大小，按 Alt+ → 组合键，适当调整文字间距，效果如图 13-41 所示。青年读物书籍封面制作完成，效果如图 13-42 所示。

图 13-40　　　　　　　　图 13-41　　　　　　　　图 13-42

## 13.3　制作咖啡书籍封面

### 13.3.1　案例分析

目前，越来越多的职场白领、外籍人士都喜欢在工作之余饮用咖啡。并且很多的餐厅都推出了下午茶业务，多数里面都有咖啡，也由此形成了独特的咖啡文化。本案例是设计咖啡类书籍的封面，要求层次分明、主题突出，表现出咖啡独特的魅力。

在设计思路上，通过背景图片的修饰处理，表现出咖啡美味可口的特点；通过装饰图片，直观地反映书籍内容；通过对书籍名称和其他介绍性文字的添加，突出表达书籍的主题；整个封面以绿色为主，给人自然健康、清新舒爽的感受。

本例将使用新建参考线命令添加参考线，使用滤镜库命令、矩形工具制作背景的效果，使用创建剪切蒙版命令制作图片，使用椭圆工具和自定义形状工具制作装饰图形，使用路径文字制作标识文字。

### 13.3.2　案例设计

本案例设计流程如图 13-43 所示。

制作封面　制作书脊　制作封底　　　　　　最终效果

**图 13-43**

### 13.3.3　案例制作

**1.　制作封面效果**

（1）按 Ctrl+N 组合键，新建一个文件：宽度为 34.8cm，高度为 23.9cm，分辨率为 150 像素/英寸，颜色模式为 RGB，背景内容为白色，单击"确定"按钮。选择"视图 > 新建参考线"命令，弹出"新建参考线"对话框，设置如图 13-44 所示，单击"确定"按钮，效果如图 13-45 所示。用相同的方法，在 17.9cm 处新建一条垂直参考线，效果如图 13-46 所示。

（2）将前景色设为绿色（其 R、G、B 值分别为 184、200、183）。按 Alt+Delete 组合键，用前景色填充"背景"图层，效果如图 13-47 所示。

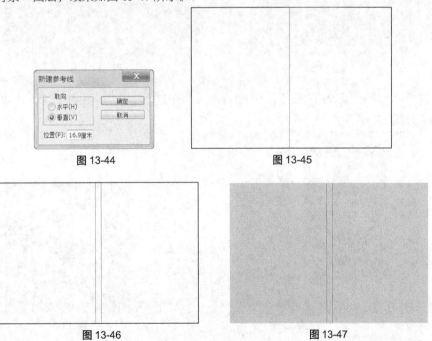

**图 13-44**　　　　　　　　　　　　　　　**图 13-45**

**图 13-46**　　　　　　　　　　　　　　　**图 13-47**

（3）选择"滤镜 > 滤镜库"命令，在弹出的对话框中进行设置，如图 13-48 所示，单击"确定"

按钮，效果如图 13-49 所示

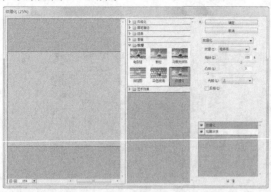

图 13-48 图 13-49

（4）将前景色设为白色。新建图层并将其命名为"矩形 1"。选择"矩形"工具 ，在属性栏的"选择工具模式"选项中选择"像素"，在图像窗口中的拖曳鼠标绘制矩形，效果如图 13-50 所示。

（5）按 Ctrl+O 组合键，打开云盘中的"Ch13 > 素材 > 咖啡书籍设计 > 01"文件，选择"移动"工具 ，将图片拖曳到图像窗口中的适当位置，如图 13-51 所示，在"图层"控制面板中生成新的图层并将其命名为"图片"。

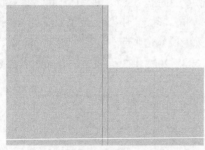

图 13-50 图 13-51

（6）选择"滤镜 > 滤镜库"命令，在弹出的对话框中进行设置，如图 13-52 所示，单击"确定"按钮，效果如图 13-53 所示。

图 13-52 图 13-53

（7）选择"滤镜 > 滤镜库"命令，在弹出的对话框中进行设置，如图 13-54 所示，单击"确定"

按钮，效果如图 13-55 所示。

图 13-54　　　　　　　　　　　　　　图 13-55

（8）在"图层"控制面板中，按住 Alt 键的同时，将鼠标放在"矩形 1"图层和"图片"图层的中间，鼠标变为 ，单击鼠标，创建剪贴蒙版，效果如图 13-56 所示。

（9）将前景色设为绿色（其 R、G、B 值分别为 184、200、183），新建图层并将其命名为"圆"。选择"椭圆"工具 ，在属性栏的"选择工具模式"选项中选择"像素"，按住 Shift 键的同时，在图像窗口中拖曳鼠标分别绘制多个圆形，效果如图 13-57 所示。

图 13-56　　　　　　　　　　　　　图 13-57

（10）选择"滤镜 > 滤镜库"命令，在弹出的对话框中进行设置，如图 13-58 所示，单击"确定"按钮，效果如图 13-59 所示。

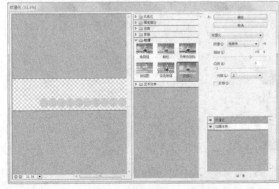

图 13-58　　　　　　　　　　　　　图 13-59

（11）将前景色设为黑色。选择"横排文字"工具 T ，在适当的位置输入需要的文字，选取文字，在属性栏中选择合适的字体并设置文字大小，效果如图 13-60 所示，在"图层"控制面板中生成新的文字图层。

（12）选择"窗口 > 字符"命令，弹出"字符"面板，在"字符"面板中，将"设置行距" 図（自动） ▼ 选项设置为 40 点，其他选项的设置如图 13-61 所示，按 Enter 键确认操作，效果如图 13-62 所示。选取需要的文字，如图 13-63 所示，在属性栏中选择合适的字体，效果如图 13-64 所示。

（13）将前景色设为灰色（其 R、G、B 值分别为 70、70、70）。选择"横排文字"工具 T ，在适当的位置分别输入需要的文字，选取文字，在属性栏中选择合适的字体并设置文字大小，效果如图 13-65 所示，在"图层"控制面板中分别生成新的文字图层。

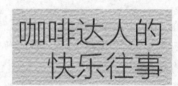

图 13-60　　　　　　　　　　图 13-61　　　　　　　　　　图 13-62

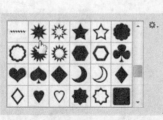

图 13-63　　　　　　　　　　图 13-64　　　　　　　　　　图 13-65

（14）将前景色设为红色（其 R、G、B 的值分别为 212、2、2），选择"自定形状"工具 ❀，单击面板右上方的按钮 ❀，在弹出的菜单中选择"形状"选项，弹出提示对话框，单击"确定"按钮。在"形状"面板中选中图形"十角星"，如图 13-66 所示。在属性栏的"选择工具模式"选项中选择"形状"，按住 Shift 键的同时，在图像窗口中拖曳鼠标绘制圆形，效果如图 13-67 所示。在"图层"控制面板中生成新的图层"形状 1"。

图 13-66　　　　　　　　　　图 13-67

（15）选择"直接选择"工具 ▶，选择星形内部节点，按 Ctrl+T 组合键，图形周围变换框，按住 Shift+Alt 组合键的同时，拖曳变换框右上角的控制手柄，等比例放大图形，按 Enter 键确认操作，效果如图 13-68 所示。

（16）将"形状 1"图层拖曳到控制面板下方的"创建新图层"按钮 上进行复制，生成新图层"形状 1 拷贝"。按 Ctrl+T 组合键，在图形周围出现变换框，将光标放在变换框的控制手柄右上角，光标变为旋转图标 ，拖曳光标将图形旋转到适当的角度，按 Enter 键确认操作，效果如图 13-69 所示。

图 13-68

图 13-69

（17）新建图层并将其命名为"描边 1"。选择"椭圆选框"工具 ，按住 Shift 键的同时拖曳鼠标在图像窗口中绘制选区，如图 13-70 所示，选择 "编辑 > 描边"命令，弹出"描边"对话框，将描边颜色设为绿色（其 R、G、B 值分别为 184、200、183），其他选项的设置如图 13-71 所示，单击"确定"按钮，按 Ctrl+D 组合键，取消选区，效果如图 13-72 所示。

图 13-70

图 13-71

图 13-72

（18）新建图层并将其命名为"描边 2"。选择"椭圆"工具 ，在属性栏的"选择工具模式"选项中选择"路径"，按住 Shift 键的同时，在图像窗口中拖曳鼠标绘制圆形，如图 13-73 所示。

（19）将前景色设为绿色（其 R、G、B 值分别为 184、200、183）。选择"画笔"工具 ，单击属性栏中的"切换画笔面板"按钮 ，弹出"画笔"控制面板，选择"画笔笔尖形状"选项，弹出"画笔笔尖形状"面板，选择需要的画笔形状，其他选项的设置如图 13-74 所示。选择"双重画笔"选项，切换到相应的控制面板进行设置，如图 13-75 所示。

图 13-73

图 13-74

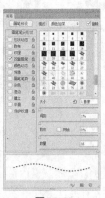

图 13-75

（20）选择"路径选择"工具 ，选取路径，单击鼠标右键，在弹出的菜单中选择"描边路径"命令，弹出"描边路径"对话框，选项的设置如图 13-76 所示，单击"确定"按钮，按 Enter 键，隐藏路径，效果如图 13-77 所示。

图 13-76　　　　　　　　　　　　　　　图 13-77

（21）新建图层并将其命名为"图形"，选择"钢笔"工具 ，在属性栏的"选择工具模式"选项中选择"路径"，在图像窗口中分别绘制需要的路径，效果如图 13-78 所示。按 Ctrl+Enter 组合键，将路径转换为选区，按 Alt+Delete 组合键，用前景色填充选区，按 Ctrl+D 组合键取消选区，效果如图 13-79 所示。

图 13-78　　　　　　　　图 13-79

（22）选择"横排文字"工具 ，在适当的位置分别输入需要的文字，选取文字，在属性栏中分别选择合适的字体并设置文字大小，效果如图 13-80 所示，在"图层"控制面板中分别生成新的文字图层。

（23）选取需要的文字，如图 13-81 所示，在"字符"面板中，将"设置行距" 选项设置为 6 点，按 Enter 键确认操作，效果如图 13-82 所示。

图 13-80　　　　　　　　图 13-81　　　　　　　　图 13-82

（24）选择"椭圆"工具 ，按住 Shift 键的同时，在图像窗口中拖曳鼠标绘制圆形，如图 13-83 所示。选择"横排文字"工具 ，在属性栏中选择合适的字体并设置文字大小，将鼠标光标放在路径上时，光标变为 图标，单击插入光标，输入需要的文字，如图 13-84 所示，在"图层"控制面板中生成新的文字图层。隐藏路径后，效果如图 13-85 所示。

图 13-83　　　　　　　　　图 13-84　　　　　　　　　图 13-85

（25）选择"椭圆"工具 ，按住 Shift 键的同时，在图像窗口中拖曳鼠标绘制圆形，如图 13-86 所示。选择"横排文字"工具 T ，在属性栏中选择合适的字体并设置文字大小，将鼠标光标放在路径上时，光标变为 图标，单击插入光标，输入需要的文字，如图 13-87 所示，选择"路径选择"工具 ，将鼠标光标放置在文字上，鼠标光标显示为 图标，将文字向路径上方拖曳，可以沿路径翻转文字，隐藏路径后，效果如图 13-88 所示。

图 13-86　　　　　　　　　图 13-87　　　　　　　　　图 13-88

（26）在"图层"控制面板中，按住 Ctrl 键的同时，选择需要的图层，如图 13-89 所示。按 Ctrl+E 组合键，合并图层并将其命名为"标签"，如图 13-90 所示。

（27）按 Ctrl+T 组合键，在图形周围出现变换框，将光标放在变换框的控制手柄右上角，光标变为旋转图标 ，拖曳光标将图形旋转到适当的角度，按 Enter 键确认操作，效果如图 13-91 所示。

图 13-89　　　　　　　　　图 13-90　　　　　　　　　图 13-91

（28）将前景色设为红色（其 R、G、B 的值分别为 212、2、2），选择"自定形状"工具 ，单击面板右上方的按钮 ，在弹出的菜单中选择"自然"选项，弹出提示对话框，单击"确定"按钮。在"形状"面板中选中图形"花 6"，如图 13-92 所示。按住 Shift 键的同时，在图像窗口中拖曳鼠标绘制圆形，效果如图 13-93 所示，在"图层"控制面板中生成新的图层"形状 2"。

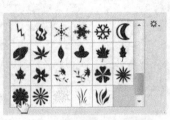

图 13-92 | 图 13-93

（29）将前景色设为绿色（其 R、G、B 值分别为 184、200、183），在"形状"面板中选中图形"草 2"，如图 13-94 所示。按住 Shift 键的同时，在图像窗口中拖曳鼠标绘制圆形，效果如图 13-95 所示，在"图层"控制面板中生成新的图层"形状 3"。

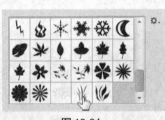

图 13-94 | 图 13-95

（30）将前景色设为黑色。选择"横排文字"工具 T ，在适当的位置分别输入需要的文字并选取文字，在属性栏中分别选择合适的字体并设置文字大小，按 Alt+ ← 和 Alt+ →，分别调整文字间距，效果如图 13-96 所示，在"图层"控制面板中分别别生成新的文字图层。选取需要的文字，设置文字填充色为红色（其 R、G、B 的值分别为 212、2、2），效果如图 13-97 所示。

图 13-96 | 图 13-97

## 2. 制作封底效果

（1）在"图层"控制面板中，按住 Ctrl 键的同时选取需要的图层，如图 13-98 所示，将选中的图层拖曳到控制面板下方的"创建新图层"按钮 上进行复制，生成新的拷贝图层，如图 13-99 所示，并将其拖曳到所有图层的最上方，如图 13-100 所示。

图 13-98 | 图 13-99 | 图 13-100

（2）选择"移动"工具 ，将复制的图片拖曳到封底上适当的位置，如图 13-101 所示。按 Ctrl+T 组合键，图像周围出现变换框，拖曳鼠标调整图片的大小及位置，按 Enter 键确认操作，效果如图 13-102 所示。

图 13-101　　　　　　　　　图 13-102

（3）选择"横排文字"工具 T ，在适当的位置输入需要的文字，选取文字，在属性栏中选择合适的字体并设置文字大小，效果如图 13-103 所示，在"图层"控制面板中生成新的文字图层。

（4）选取需要的文字，在"字符"面板中，将"设置行距" 选项设置为 5.92 点，按 Enter 键确认操作，效果如图 13-104 所示。

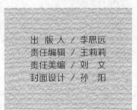

图 13-103　　　　　　　　　图 13-104

（5）将前景色设为白色。新建图层并将其命名为"矩形 2"。选择"矩形"工具 ，在属性栏的"选择工具模式"选项中选择"像素"，在图像窗口中的适当位置拖曳鼠标绘制矩形，效果如图 13-105 所示。

（6）将前景色设为黑色，选择"横排文字"工具 T ，在适当的位置输入需要的文字，选取文字，在属性栏中选择合适的字体并设置文字大小，效果如图 13-106 所示，在"图层"控制面板中出现新的文字图层。

（7）按 Ctrl+O 组合键，打开云盘中的"Ch13 > 素材 > 咖啡书籍设计 > 02"文件，选择"移动"工具 ，将图片拖曳到图像窗口中的适当位置，如图 13-107 所示，在"图层"控制面板中生成新的图层并将其命名为"条码"。

图 13-105　　　　　　　图 13-106　　　　　　　图 13-107

243

### 3. 制作书脊效果

（1）将前景色设为黑色。选择"直排文字"工具 [T]，在书脊上适当的位置分别输入需要的文字，选取文字，在属性栏中分别选择合适的字体并设置文字大小，效果如图 13-108 所示，在"图层"控制面板中生成新的文字图层。选取文字"快乐往事"，在属性栏中选择合适的字体，填充文字为红色（其 R、G、B 的值分别为 212、2、2），效果如图 13-109 所示。

（2）在"图层"控制面板中，按住 Ctrl 键的同时选取需要的图层，如图 13-110 所示，将选中的图层拖曳到控制面板下方的"创建新图层"按钮 □ 上进行复制，生成新的拷贝图层，如图 13-111 所示，并将其拖曳到所有图层的最上方，如图 13-112 所示。选择"移动"工具 ▶︎╂，将复制的图形拖曳到图像窗口中的适当位置并调整其大小，效果如图 13-113 所示。

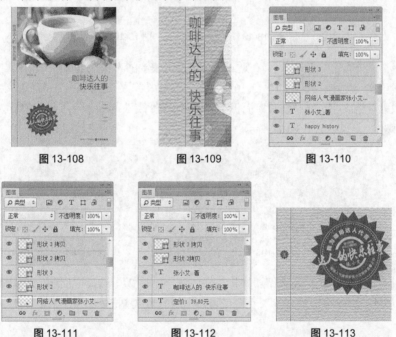

图 13-108      图 13-109      图 13-110

图 13-111      图 13-112      图 13-113

（3）将前景色设为黑色。选择"直排文字"工具 [T]，在书脊上适当的位置分别输入需要的文字，选取文字，在属性栏中分别选择合适的字体并设置文字大小，效果如图 13-114 所示，在"图层"控制面板中生成新的文字图层。选取需要的文字，在属性栏中选择合适的字体，并填充文字为红色（其 R、G、B 的值分别为 212、2、2），效果如图 13-115 所示。咖啡书籍设计制作完成，效果如图 13-116 所示。

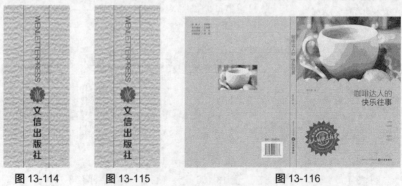

图 13-114      图 13-115      图 13-116

## 课堂练习 1——制作儿童教育书籍封面

### 📖 练习知识要点

使用自定形状工具、滤镜库命令制作云图形；使用创建剪贴蒙版命令为图片添加剪切效果；使用描边命令为标题文字添加描边；使用椭圆工具、文字工具制作出版标识。儿童教育书籍封面效果如图 13-117 所示。

### 📖 效果所在位置

云盘/Ch13/效果/制作儿童教育书籍封面.psd。

图 13-117

## 课堂练习 2——制作摄影书籍封面

### 📖 练习知识要点

使用矩形工具和创建剪贴蒙版命令制作图片剪切效果；使用文字工具添加标题文字和出版信息；使用钢笔工具和不透明度选项制作摄影光；使用横排文字工具和变换命令制作文字变形效果；摄影书籍封面效果如图 13-118 所示。

### 📖 效果所在位置

云盘/Ch13/效果/制作摄影书籍封面.psd。

图 13-118

# 课后习题 1——制作励志书籍封面

### 习题知识要点

使用新建参考线命令分割页面；使用矩形工具和创建剪贴蒙版命令为图片添加剪切效果，使用多边形工具绘制菱形；使用文字工具、字符面板添加并编辑文字；使用多边形工具、内阴影命令制作三角形；使用横排文字工具添加出版信息，励志书籍封面效果如图 13-119 所示。

图 13-119

### 效果所在位置

云盘/Ch13/效果/制作励志书籍封面.psd。

# 课后习题 2——制作旅游杂志封面

### 习题知识要点

使用新建参考线命令添加参考线；使用添加图层蒙板命令和渐变工具制作图片渐隐效果；使用亮度/对比度命令调整图片颜色；使用文字工具、直线工具、多边形工具制作标题文字。旅游杂志封面效果如图 13-120 所示。

图 13-120

### 效果所在位置

云盘/Ch13/效果/制作旅游杂志封面.psd。

# 第 14 章　包装设计

　　包装代表着一个商品的品牌形象。好的包装可以让商品在同类产品中脱颖而出，吸引消费者的注意力并触发购买行为。包装可以起到美化商品及传递商品信息的作用，更可以极大地提高商品的价值。本章以多个类别的包装为例，讲解包装的设计方法和制作技巧。

| 课堂学习目标 | / 了解包装的概念 |
| --- | --- |
| | / 了解包装的分类 |
| | / 理解包装的设计定位 |
| | / 掌握包装的设计思路 |
| | / 掌握包装的制作方法和技巧 |

## 14.1　包装设计概述

　　包装，最主要的功能是保护商品，其次是美化商品和传递信息。要想将包装设计好，除了需要遵循设计的基本原则外，还要着重研究消费者的心理活动，这样的包装设计才能在同类商品中脱颖而出，如图 14-1 所示。

图 14-1

### 14.1.1　包装的分类

　　（1）按包装在流通中的作用分类：运输包装和销售包装。

　　（2）按包装材料分类：纸板、木材、金属、塑料、玻璃和陶瓷、纤维织品、复合材料等包装。

　　（3）按销售市场分类：内销商品包装和出口商品包装。

　　（4）按商品种类分类：建材商品包装、农牧水产品商品包装、食品和饮料商品包装、轻工日用品商品包装、纺织品和服装商品包装、化工商品包装，医药商品包装、机电商品包装、电子商品包装、兵器包装等。

### 14.1.2 包装的设计定位

商品包装设计应遵循"科学、经济、牢固、美观、适销"的原则。包装设计的定位思想要紧紧地联系着包装设计的构思。构思是设计的灵魂，构思的核心在于考虑表现什么和如何表现两个问题。在整理各种要素的基础上选准重点，突出主题，是设计构思的重要原则。

（1）以产品定位：以商品自身的图像为主体形象，也就是商品再现。将商品的照片直接运用在包装设计上，可以直接传递商品的信息，让消费者更容易理解与接受。

（2）以品牌定位：一般主要应用于品牌知名度较高的产品的包装设计。在设计处理上，以产品标志形象与品牌定性分析为重心。

（3）以消费者定位：以产品的消费人群为导向，主要应用于具有特定消费者产品的包装设计上。

（4）以差别化定位：针对竞争对手加以较大的差别化定位，以求自我独特个性化的设计表现。

（5）以传统定位：追求某种民族性传统感，用于富有浓郁地方传统特色的产品包装的具体处理上，对某些传统图形的应用加以形或色的改造。

（6）以文案定位：着重于产品有关信息的详尽文案介绍。在处理上，应注意文案编排的风格特征，同时往往配插图以丰富表现形式。

（7）以礼品性定位：着重于华贵或典雅的装饰效果。这类定位一般应用于高档次产品，设计处理时有较大的灵活性。

（8）以纪念性定位：着重于对某种庆典活动、旅游活动、文化体育活动等特定纪念性的设计。

（9）以商品档次定位：要防止过度包装，必须做到包装材料与商品价值相称，既要保证商品的品位，又要尽可能降低生产成本。

（10）以商品特殊属性定位：以商品特有的纹样或产品特有的色彩为主体形象，这类包装设计要根据产品本身的性质而进行。

## 14.2 制作 CD 唱片包装

### 14.2.1 案例分析

钢琴发源于欧洲，是一种键盘乐器，至今已有三百多年的历史。它是用键拉动琴槌来敲打琴弦出声，从 18 世纪末以来，在欧洲及美国，钢琴一直是最主要的家庭键盘乐器。本例是为唱片公司设计的钢琴唱片包装，在包装设计上希望能表现出钢琴优美的音色和宽广的音域。

在设计思路上，通过神秘幽暗的背景营造出优雅梦幻的氛围，带给人高雅、浪漫的印象；通过渐变设计的文字充分表现出钢琴的韵律和节奏感，突出了唱片的主题；下面的字体设计则给人高雅、精致的感觉。

本例将使用圆角矩形工具、钢笔工具、图层样式命令和不透明度命令制作形状。使用横排文字工具和创建剪贴蒙版命令制作唱片文字。使用形状工具和剪贴蒙版组合图片制作盘面效果。

### 14.2.2　案例设计

本案例设计流程如图 14-2 所示。

制作包装　　　制作包装立体效果　　　制作光盘效果　　　最终效果

**图 14-2**

### 14.2.3　案例制作

**1．制作 CD 包装立体效果**

（1）按 Ctrl＋O 组合键，打开云盘中的"Ch14 > 素材 > 制作 CD 唱片包装 > 01"文件，如图 14-3 所示。

（2）将前景色设为灰色。选择"圆角矩形"工具 ，将"半径"选项设为 30 像素，将属性栏中的"选择工具模式"选项设为"形状"，在图像窗口中的适当位置拖曳鼠标绘制图形，效果如图 14-4 所示，在"图层"控制面板中生成新的形状图层"圆角矩形 1"。将"圆角矩形 1"图层的"填充"选项设为 0%，效果如图 14-5 所示。

图 14-3　　　　　　　图 14-4　　　　　　　图 14-5

（3）单击"图层"控制面板下方的"添加图层样式"按钮 _fx_，在弹出的菜单中选择"描边"命令，弹出"图层样式"对话框，将描边颜色设为白色，其他选项的设置如图 14-6 所示，单击"确定"按钮，效果如图 14-7 所示。

图 14-6　　　　　　　　　　　　图 14-7

（4）单击"图层"控制面板下方的"添加图层样式"按钮 *fx.*，在弹出的菜单中选择"内发光"命令，弹出"图层样式"对话框，选项的设置如图 14-8 所示，单击"确定"按钮，效果如图 14-9 所示。

图 14-8            图 14-9

（5）单击"图层"控制面板下方的"创建新组"按钮 ，生成新的图层组并将其命名为"组 1"。按 Ctrl+O 组合键，打开云盘中的"Ch14 > 素材 > 制作 CD 唱片包装 > 02"文件，选择"移动"工具 ，将图片拖曳到图像窗口中的适当位置，如图 14-10 所示，在"图层"控制面板中生成新的图层并将其命名为"图片"。

（6）将前景色设为白色。选择"横排文字"工具 ，在适当的位置分别输入需要的文字并选取文字，在属性栏中选择合适的字体并设置文字大小，效果如图 14-11 所示，在"图层"控制面板中分别生成新的文字图层。

图 14-10            图 14-11

（7）按 Ctrl+O 组合键，打开云盘中的"Ch14 > 素材 > 制作 CD 唱片包装 > 03"文件，选择"移动"工具 ，将图片拖曳到图像窗口中的适当位置，如图 14-12 所示，在"图层"控制面板中生成新的图层并将其命名为"底图 1"。

（8）在"图层"控制面板中，按住 Alt 键的同时，将鼠标放在"钢琴之夜"文字图层和"底图 1"图层的中间，鼠标变为 ，单击鼠标，创建剪贴蒙版，效果如图 14-13 所示。

（9）选择"横排文字"工具 ，在属性栏中选择合适的字体并设置文字大小，在适当的位置输入需要的文字，效果如图 14-14 所示，在"图层"控制面板中生成新的文字图层。

（10）按 Ctrl+O 组合键，打开云盘中的"Ch14 > 素材 > 制作 CD 唱片包装 > 04"文件，选择"移动"工具 ，将图片拖曳到图像窗口中的适当位置，如图 14-15 所示，在"图层"控制面板中生成新的图层并将其命名为"底图 2"。

图 14-12

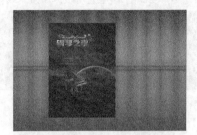

图 14-13

图 14-14

图 14-15

（11）单击"图层"控制面板下方的"添加图层蒙版"按钮 ![icon]，为"底图 2"图层添加蒙版。将前景色设为黑色。选择"画笔"工具 ![icon]，在属性栏中单击"画笔"选项右侧的按钮 ![icon]，弹出画笔选择面板，选择需要的画笔形状，选项的设置如图 14-16 所示。在属性栏中将画笔"不透明度"选项设为 50%，在图像窗口中进行涂抹，效果如图 14-17 所示。

（12）在"图层"控制面板中，按住 Alt 键的同时，将鼠标放在"Space-time Echoes"文字图层和"底图 1"图层的中间，鼠标变为 ![icon]，单击鼠标，创建剪贴蒙版，效果如图 14-18 所示。

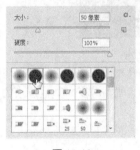

图 14-16

图 14-17

图 14-18

（13）将前景色设为白色。选择"横排文字"工具 ![icon]，在适当的位置分别输入需要的文字并选取文字，在属性栏中选择合适的字体并设置文字大小，效果如图 14-19 所示，在"图层"控制面板中分别生成新的文字图层。选取文字"倾情演绎"，如图 14-20 所示。设置文字颜色为红色（其 R、G、B 的值分别为 255、0、0），效果如图 14-21 所示。单击"组 1"图层组左侧的三角形图标 ![icon]，将"组 1"图层组中的图层隐藏。按 Ctrl+Alt+E 组合键，合并并复制组一图层组，生成新图层"组 1（合并）"。

（14）将前景色设为灰色。选择"圆角矩形"工具 ![icon]，在图像窗口中的适当位置拖曳鼠标绘制图形，效果如图 14-22 所示，在图层控制面板中生成新的"圆角矩形 2"图层。在"图层"控制面板上方，将"圆角矩形 2"的填充选项设为 0%，效果如图 14-23 所示。

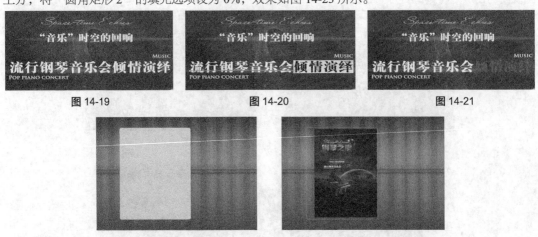

图 14-19　　　　　　　　　　图 14-20　　　　　　　　　　图 14-21

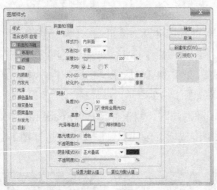

图 14-22　　　　　　　　　　图 14-23

（15）单击"图层"控制面板下方的"添加图层样式"按钮 *fx*，在弹出的菜单中选择"斜面和浮雕"选项，弹出"图层样式"对话框，选项的设置如图 14-24 所示。单击"确定"按钮，效果如图 14-25 所示。

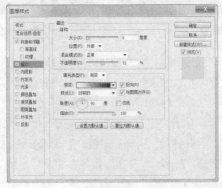

图 14-24　　　　　　　　　　图 14-25

（16）单击"图层"控制面板下方的"添加图层样式"按钮 *fx*，在弹出的菜单中选择"描边"命令，弹出"图层样式"对话框，将"填充类型"设为渐变，设渐变色为黑白渐变。其他选项的设置如图 14-26 所示，单击"确定"按钮，效果如图 14-27 所示。

图 14-26　　　　　　　　　　图 14-27

（17）单击"图层"控制面板下方的"添加图层样式"按钮 $fx$ ，在弹出的菜单中选择"内阴影"命令，弹出"图层样式"对话框，选项的设置如图 14-28 所示，单击"确定"按钮，效果如图 14-29所示。

图 14-28　　　　　　　　　　　　　　　　图 14-29

（18）单击"图层"控制面板下方的"添加图层样式"按钮 $fx$ ，在弹出的菜单中选择"渐变叠加"命令，弹出"图层样式"对话框，单击"渐变"选项右侧的"点按可编辑渐变"按钮 ，弹出"渐变编辑器"对话框，分别设置两个位置点颜色为白色，如图 14-30 所示，单击"确定"按钮，返回到"渐变叠加"对话框中，其他选项的设置如图 14-31 所示，单击"确定"按钮，效果如图 14-32 所示。

图 14-30　　　　　　　　　　图 14-31　　　　　　　　　　图 14-32

（19）单击"图层"控制面板下方的"添加图层样式"按钮 $fx$ ，在弹出的菜单中选择"投影"命令，弹出"图层样式"对话框，选项的设置如图 14-33 所示，单击"确定"按钮，效果如图 14-34所示。

（20）将前景色设为灰色。选择"圆角矩形"工具 ，在图像窗口中的适当位置拖曳鼠标绘制图形，效果如图 14-35 所示，在图层控制面板中生成新的"圆角矩形 3"图层。在"图层"控制面板上方，将"圆角矩形 3"填充选项设为 0%，效果如图 14-36 所示。

（21）单击"图层"控制面板下方的"添加图层样式"按钮 $fx$ ，在弹出的菜单中选择"描边"命令，弹出"图层样式"对话框，将"填充类型"设为渐变，设渐变色为黑白渐变。其他选项的设置如图 14-37 所示，单击"确定"按钮，效果如图 14-38 所示。

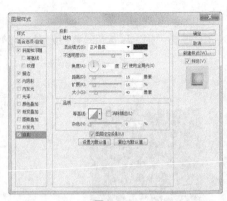
图 14-33

图 14-34

图 14-35

图 14-36

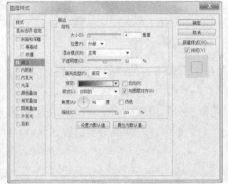
图 14-37

图 14-38

（22）单击"图层"控制面板下方的"添加图层样式"按钮 fx，在弹出的菜单中选择"内阴影"命令，弹出"图层样式"对话框，选项的设置如图 14-39 所示，单击"确定"按钮，效果如图 14-40 所示。

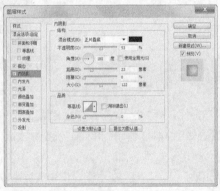
图 14-39

图 14-40

（23）单击"图层"控制面板下方的"添加图层样式"按钮 fx，在弹出的菜单中选择"内发光"命令，弹出"图层样式"对话框，将发光颜色设为白色，其他选项的设置如图 14-41 所示，单击"确定"按钮，效果如图 14-42 所示。

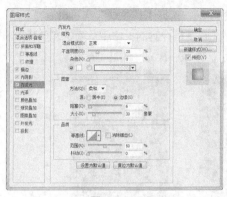

**图 14-41**　　　　　　　　　　　　　　　　　**图 14-42**

（24）单击"图层"控制面板下方的"添加图层样式"按钮 _fx_ ，在弹出的菜单中选择"渐变叠加"命令，弹出"图层样式"对话框，单击"渐变"选项右侧的"点按可编辑渐变"按钮 ，弹出"渐变编辑器"对话框，分别设置两个位置点颜色为白色，如图 14-43 所示，单击"确定"按钮。返回到"渐变叠加"对话框中，其他选项的设置如图 14-44 所示，单击"确定"按钮，效果如图 14-45 所示。

**图 14-43**　　　　　　　　　**图 14-44**　　　　　　　　　**图 14-45**

（25）单击"图层"控制面板下方的"添加图层样式"按钮 _fx_ ，在弹出的菜单中选择"投影"命令，弹出"图层样式"对话框，选项的设置如图 14-46 所示，单击"确定"按钮，效果如图 14-47 所示。

**图 14-46**　　　　　　　　　　　　　　　　　**图 14-47**

（26）选择"钢笔"工具  ，将属性栏中的"选择工具模式"选项设为"形状"，在图像窗口中分别绘制需要的形状，效果如图 14-48 所示，在图层控制面板中生成新的"形状 1"图层。在"图层"控制面板上方，将"形状 1"填充选项设为 0%，效果如图 14-49 所示。

图 14-48          图 14-49

（27）单击"图层"控制面板下方的"添加图层样式"按钮 fx. ，在弹出的菜单中选择"斜面和浮雕"选项，弹出"图层样式"对话框，选项的设置如图 14-50 所示。单击"确定"按钮，效果如图 14-51 所示。

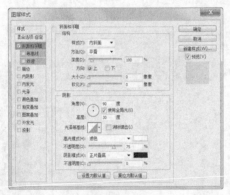

图 14-50          图 14-51

（28）单击"图层"控制面板下方的"添加图层样式"按钮 fx. ，在弹出的菜单中选择"描边"命令，弹出"图层样式"对话框，将"填充类型"设为渐变，设渐变设为黑白渐变。其他选项的设置如图 14-52 所示，单击"确定"按钮，效果如图 14-53 所示。

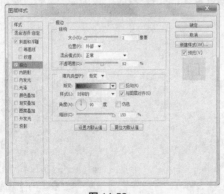

图 14-52          图 14-53

（29）单击"图层"控制面板下方的"添加图层样式"按钮 fx. ，在弹出的菜单中选择"渐变叠加"

命令，弹出"图层样式"对话框，单击"渐变"选项右侧的"点按可编辑渐变"按钮 ，弹出"渐变编辑器"对话框，分别设置两个位置点颜色为白色，如图 14-54 所示，单击"确定"按钮。返回到"渐变叠加"对话框中，其他选项的设置如图 14-55 所示，单击"确定"按钮，效果如图 14-56 所示。

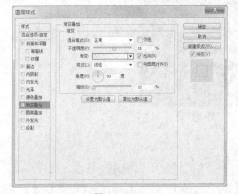
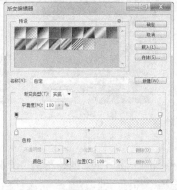

图 14-54　　　　　　　　　　　图 14-55　　　　　　　　图 14-56

（30）单击"图层"控制面板下方的"添加图层样式"按钮 fx.，在弹出的菜单中选择"投影"命令，弹出"图层样式"对话框，选项的设置如图 14-57 所示，单击"确定"按钮，效果如图 14-58 所示。

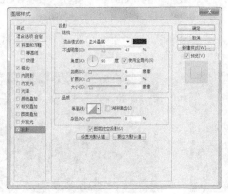

图 14-57　　　　　　　　　　　图 14-58

（31）在"图层"控制面板上方，将"形状 1"图层的"不透明度"选项设为 50%，如图 14-59 所示，效果如图 14-60 所示。使用相同方法制作其他图形，效果如图 14-61 所示。

图 14-59　　　　　　　　　　　图 14-60

（32）按 Ctrl+O 组合键，打开云盘中的"Ch14 > 素材 > 制作 CD 唱片包装 > 05"文件，选择

"移动"工具 ，将图片拖曳到图像窗口中的适当位置，如图 14-62 所示，在"图层"控制面板中生成新的图层并将其命名为"光"。

图 14-61　　　　　　　　　　　　　　　图 14-62

### 2. 制作云盘效果

（1）单击"图层"控制面板下方的"创建新组"按钮 ▢ ，生成新的图层组并将其命名为"云盘"。将前景色设为黑色，选择"椭圆"工具 ◉ ，将属性栏中的"选择工具模式"选项设为"形状"，按住 Shift 键的同时，在图像窗口中拖曳鼠标绘制圆形，效果如图 14-63 所示。在"图层"控制面板中生成新的形状图层并将其命名为"椭圆 1"。

（2）将"组 1（合并）"图层拖曳到所有图层的上方，选择"移动"工具 ，在图像窗口中将其拖曳到适当的位置。按 Ctrl+O 组合键，打开云盘中的"Ch14 > 素材 > 制作 CD 唱片包装 > 04"文件，将图片拖曳到图像窗口中的适当位置，如图 14-64 所示，在"图层"控制面板中生成新的图层。按住 Shift 键的同时，将"组 1（合并）"图层和图片图层同时选取，按 Ctrl+E 组合键，合并图层并将其命名为"云盘面"。

图 14-63　　　　　　　　　　　　　　　图 14-64

（3）在"图层"控制面板中，按住 Alt 键的同时，将鼠标放在"椭圆 1"图层和"云盘面"图层的中间，鼠标变为 ，单击鼠标，创建剪贴蒙版，效果如图 14-65 所示。将前景色设为灰色。选择"椭圆"工具 ◉ ，按住 Shift 键的同时，在图像窗口中拖曳鼠标绘制圆形，效果如图 14-66 所示。在"图层"控制面板中生成新的形状图层"椭圆 2"。CD 包装制作完成。

图 14-65　　　　　　　　　　　　　　　图 14-66

## 14.3 制作茶叶包装

### 14.3.1 案例分析

茶本为一种植物，可饮用，常品有益健康。茶品顺为最佳，所以就有了一句茶乃天地之精华，顺乃人生之根本的谚语。因此，道家里有茶顺即为茗品之说。本例是制作茶叶包装，要求具有收藏价值，并且能够弘扬发展茶文化。

在设计思路上，使用古朴的工笔画作为包装的背景，突出表现了茶的文化底蕴和内涵；使用最具中国特色的书法字体，使整个包装更加大气，整体设计符合茶叶的特色，并且表现了茶叶的文化内涵，主题突出，让人印象深刻。

本例将使用图层混合模式添加图片叠加效果，使用椭圆工具和高斯模糊命令制作阴影效果，使用钢笔工具和创建剪贴蒙版命令制作图片剪切效果。使用创建新的填充或调整图层菜单下的命令调整图片颜色，使用矩形选框工具和移动工具制作包装立体效果，使用画笔工具制作阴影效果。

### 14.3.2 案例设计

本案例设计流程如图 14-67 所示。

制作包装平面图　　　　　　　制作包装立体效果　　　　　　　最终效果

**图 14-67**

### 14.3.3 案例制作

**1．制作茶叶包装平面效果**

（1）按 Ctrl + N 组合键，新建一个文件：宽度为 18.5 厘米，高度为 12.7 厘米，分辨率为 300 像素/英寸，颜色模式为 RGB，背景内容为透明色，单击"确定"按钮。

（2）单击"图层"控制面板下方的"创建新组"按钮 ▣，生成新的图层组并将其命名为"盒盖平面图"。按 Ctrl+O 组合键，打开云盘中的"Ch14 > 素材 > 制作茶叶包装 > 01、02"文件，选择"移动"工具 ▶₊，分别将图片拖曳到图像窗口中的适当位置并调整大小，如图 14-68 所示，在"图层"控制面板中分别生成新的图层并将其命名为"背景"、"车"。

（3）在"图层"控制面板上方，将"车"图层的混合模式选项设为"明度"，如图 14-69 所示，效果如图 14-70 所示。

图 14-68                     图 14-69                     图 14-70

（4）将前景色设为灰色。新建图层并将其命名为"阴影"。选择"椭圆"工具，将属性栏中的"选择工具模式"选项设为"像素"，在图像窗口中拖曳鼠标绘制椭圆形，效果如图 14-71 所示。

（5）选择"滤镜 > 模糊 > 高斯模糊"命令，在弹出的对话框中进行设置，如图 14-72 所示，单击"确定"按钮，效果如图 14-73 所示。

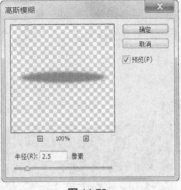

图 14-71                     图 14-72                     图 14-73

（6）在"图层"控制面板中，将"阴影"图层拖曳到"车"图层的下方，图像效果如图 14-74 所示。在"图层"控制面板上方，将"阴影"图层的混合模式选项设为"正片叠底"，"不透明度"选项设为 60%，如图 14-75 所示，效果如图 14-76 所示。

图 14-74                     图 14-75                     图 14-76

（7）按 Ctrl+O 组合键，打开云盘中的"Ch14 > 素材 > 制作茶叶包装 > 03、04"文件，选择"移动"工具，分别将图片拖曳到图像窗口中的适当位置并调整大小，如图 14-77 所示，在"图层"控制面板中分别生成新的图层并将其命名为"广告词"、"主体"。

（8）单击"盒盖平面图"图层组左侧的三角形图标▼，将"盒盖平面图"图层组中的图层隐藏。单击"图层"控制面板下方的"创建新组"按钮▢，生成新的图层组并将其命名为"茶罐平面图"。再次单击"图层"控制面板下方的"创建新组"按钮▢，生成新的图层组并将其命名为"中"。

（9）按 Ctrl+O 组合键，打开云盘中的"Ch14 > 素材 > 制作茶叶包装 > 01"文件。选择"矩形选框"工具▢，在图像窗口中绘制出需要的选区，如图 14-78 所示。

图 14-77　　　　　　　　　　　　　　　　图 14-78

（10）选择"移动"工具▶+，将选区中的图像拖曳到新建的图像窗口中。在"图层"控制面板中生成新的图层并将其命名为"中间"。按 Ctrl+T 组合键，图像周围出现控制手柄，拖曳控制手柄改变图像的大小，效果如图 14-79 所示。

（11）按 Ctrl+O 组合键，打开云盘中的"Ch14 > 素材 > 制作茶叶包装 > 04"文件，选择"移动"工具▶+，将图片拖曳到图像窗口中的适当位置并调整大小，如图 14-80 所示，在"图层"控制面板中生成新的图层并将其命名为"主体"。单击"中"图层组左侧的三角形图标▼，将"中"图层组中的图层隐藏。

图 14-79　　　　　　　　　　　　　　　　图 14-80

（12）单击"图层"控制面板下方的"创建新组"按钮▢，生成新的图层组并将其命名为"左"。按 Ctrl+O 组合键，打开云盘中的"Ch14 > 素材 > 制作茶叶包装 > 01"文件。选择"矩形选框"工具▢，在图像窗口中绘制出需要的选区，如图 14-81 所示。

（13）选择"移动"工具▶+，将选区中的图像拖曳到新建的图像窗口中。在"图层"控制面板中生成新的图层并将其命名为"中间"。按 Ctrl+T 组合键，图像周围出现控制手柄，拖曳控制手柄改变图像的大小，效果如图 14-82 所示。

图 14-81

图 14-82

（14）选择"横排文字"工具 T，在属性栏中选择合适的字体并设置大小，将文字颜色设为棕色（其 R、G、B 的值分别为 60、20、1），在图像窗口中单击鼠标插入光标，输入需要的文字，如图 14-83 所示，在控制面板中生成新的文字图层。

（15）按 Ctrl+T 组合键，在图形周围出现变换框，在变框中单击鼠标右键，在弹出的菜单中选择"旋转 90°（逆时针）"命令，按 Enter 键确认操作。选择"移动"工具 ，将文字拖曳到适当位置。效果如图 14-84 所示。单击"左"图层组左侧的三角形图标 ，将"左"图层组中的图层隐藏。

图 14-83

图 14-84

（16）单击"图层"控制面板下方的"创建新组"按钮 ，生成新的图层组并将其命名为"右"。按 Ctrl+O 组合键，打开云盘中的"Ch14 > 素材 > 制作茶叶包装 > 01"文件。选择"矩形选框"工具 ，在图像窗口中绘制出需要的选区，如图 14-85 所示。

（17）选择"移动"工具 ，将选区中的图像拖曳到新建的图像窗口中。在"图层"控制面板中生成新的图层并将其命名为"中间"。按 Ctrl+T 组合键，图像周围出现控制手柄，拖曳控制手柄改变图像的大小，效果如图 14-86 所示。

图 14-85

图 14-86

（18）选择"横排文字"工具 T，在属性栏中选择合适的字体并设置大小，将文字颜色设为棕色（其 R、G、B 的值分别为 60、20、1），在图像窗口中单击鼠标插入光标，输入需要的文字，如图 14-87 所示，在控制面板中生成新的文字图层。

（19）按 Ctrl+T 组合键，在图形周围出现变换框，在变换框中单击鼠标右键，在弹出的菜单中选择"旋转 90°（逆时针）"命令，按 Enter 键确认操作。选择"移动"工具 ，将文字拖曳到适当位置。效果如图 14-88 所示。单击"右"图层组左侧的三角形图标 ，将"右"图层组中的图层隐藏。单击"茶罐平面图"图层组左侧的三角形图标 ，将"茶罐平面图"图层组中的图层隐藏，如图 14-89 所示。

图 14-87　　　　　　　　　　图 14-88　　　　　　　　　　图 14-89

## 2．制作茶叶包装立体效果

（1）按 Ctrl+O 组合键，打开云盘中的"Ch14 > 素材 > 制作茶叶包装 > 05"文件，选择"移动"工具 ，将图片拖曳到图像窗口中的适当位置并调整大小，如图 14-90 所示，在"图层"控制面板中分别生成新的图层并将其命名为"背景"。

（2）按 Ctrl+O 组合键，打开云盘中的"Ch14 > 素材 > 制作茶叶包装 > 04、06"文件，选择"移动"工具 ，分别将图片拖曳到图像窗口中的适当位置并调整大小，如图 14-91 所示，在"图层"控制面板中分别生成新的图层并将其命名为"主体"。

图 14-90　　　　　　　　　　　　　　　　图 14-91

（3）单击"图层"控制面板下方的"创建新组"按钮 ，生成新的图层组并将其命名为"茶罐"。将前景色设为棕色（其 R、G、B 的值分别为 130、78、28），新建图层并将其命名为"底部"，选择"钢笔"工具 ，将属性栏中的"选择工具模式"选项设为"路径"，在图像窗口中绘制需要的路径，效果如图 14-92 所示。按 Ctrl+Enter 键，将路径转换为选区，按 Alt+Delete 组合键，用前景色填充选区，按 Ctrl+D 组合键取消选区，效果如图 14-93 所示。

图 14-92

图 14-93

（4）选中"茶罐平面图"图层组中的"中"图层组，按 Ctrl+Alt+E 组合键，将"中"图层组中的图像复制并合并到一个新的图层中，并将其命名为"中间"。将"中间"图层拖曳到"底部"图层的上方，如图 14-94 所示。效果如图 14-95 所示。

图 14-94

图 14-95

（5）选择"移动"工具，将其拖曳到图像窗口中的适当位置，按 Ctrl+T 组合键，在图形周围出现变换框，调整图形大小，将光标放在变换框的控制手柄右上角，光标变为旋转图标，拖曳光标将图形旋转到适当的角度，按 Enter 键确认操作，效果如图 14-96 所示。

（6）单击"图层"控制面板下方的"创建新的填充或调整图层"按钮，在弹出的菜单中选择"曲线"命令，在"图层"控制面板中生成"曲线 1"图层，同时弹出"曲线"控制面板，在曲线上单击鼠标添加控制点，将"输出"选项设为 140，"输入"选项设为 111，如图 14-97 所示，按 Enter 键确认操作。在"图层"控制面板中，按住 Alt 键的同时，将鼠标放在"曲线 1"图层和"中间"图层的中间，鼠标变为，单击鼠标，创建剪贴蒙版，效果如图 14-98 所示。

图 14-96

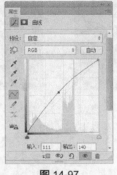

图 14-97

图 14-98

（7）选中"茶馆平面图"图层组中的"左"图层组，按 Ctrl+Alt+E 组合键，将"中"图层组中的图像复制并合并到一个新的图层中，并将其命名为"左侧"。将"左侧"图层拖曳到"曲线 1"图层的上方，如图 14-99 所示。效果如图 14-100 所示。

图 14-99

图 14-100

（8）选择"移动"工具 ，将其拖曳到图像窗口中的适当位置，按 Ctrl+T 组合键，图像周围出现控制手柄，拖曳控制手柄改变图像的大小，按住 Ctrl+Shift 组合键的同时，分别拖曳控制点到适当的位置，制作出如图 14-101 所示的效果，按 Enter 键确认操作，效果如图 14-102 所示。

图 14-101

图 14-102

（9）单击"图层"控制面板下方的"创建新的填充或调整图层"按钮 ，在弹出的菜单中选择"色相/饱和度"命令，在"图层"控制面板中生成"色相/饱和度 1"图层，同时在弹出的"色相/饱和度"控制面板中进行设置，如图 14-103 所示。在"图层"控制面板中，按住 Alt 键的同时，将鼠标放在"色相/饱和度 1"图层和"左侧"图层的中间，鼠标变为 ，单击鼠标，创建剪贴蒙版，效果如图 14-104 所示。使用相同方法制作茶罐右侧图形，效果如图 14-105 所示。

图 14-103

图 14-104

图 14-105

（10）新建图层并将其命名为"阴影"，将前景色设为黑色。选择"画笔"工具 ，在属性栏中单击"画笔"选项右侧的按钮 ，弹出画笔选择面板，在画笔选择面板中选择需要的画笔形状，选项的设置如图 14-106 所示。在属性栏中将画笔"不透明度"选项设为 30%，在图像窗口中茶罐上进行涂抹，效果如图 14-107 所示。使用上述相同方法，再次绘制阴影，效果如图 14-108 所示，在图层控制面板生成新的图层"阴影 2"。单击"茶罐"图层组左侧的三角形图标 ▼，将"茶罐"图层组中的图层隐藏。

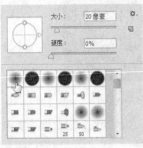

图 14-106　　　　　　　图 14-107　　　　　　　图 14-108

（11）将"茶罐"图层组拖曳到控制面板下方的"创建新图层"按钮 ▢ 上进行复制，生成新的副本图层组"茶罐 副本"，选择"移动"工具 ▸+，将其拖曳到窗口的适当位置，效果如图 14-109 所示。

（12）按 Ctrl+T 组合键，在图形周围出现变换框，将光标放在变换框的控制手柄右上角，光标变为旋转图标 ↰，拖曳光标将图形旋转到适当的角度，按 Enter 键确认操作，效果如图 14-110 所示。

（13）单击"图层"控制面板下方的"创建新组"按钮 ▢，生成新的图层组并将其命名为"盒盖"。选中"盒盖平面图"图层组，按 Ctrl+Alt+E 组合键，将"盒盖平面图"图层组中的图像复制并合并到一个新的图层中，并将其命名为"盒子"。将"盒子"图层拖曳到"盒盖"图层组中，如图 14-111 所示。效果如图 14-112 所示。

图 14-109　　　　　　　　　　　图 14-110

图 14-111　　　　　　　　图 14-112

（14）按 Ctrl+T 组合键，图像周围出现控制手柄，拖曳控制手柄改变图像的大小，按住 Ctrl+Shift 组合键的同时，分别拖曳控制点到适当的位置，制作出如图 14-113 所示的效果，按 Enter 键确认操作，效果如图 14-114 所示。

图 14-113

图 14-114

（15）单击"图层"控制面板下方的"添加图层样式"按钮 $fx$，在弹出的菜单中选择"投影"命令，弹出"图层样式"对话框，将投影颜色设为黑色，选项的设置如图 14-115 所示，单击"确定"按钮，效果如图 14-116 所示。

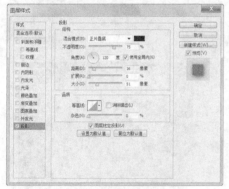

图 14-115

图 14-116

（16）新建图层并将其命名为"边"，选择"钢笔"工具 $\mathscr{\varnothing}$，将属性栏中的"选择工具模式"选项设为"路径"，在图像窗口中绘制需要的路径，效果如图 14-117 所示。按 Ctrl+Enter 键，将路径转换为选区，如图 14-118 所示。

图 14-117

图 14-118

（17）选择"渐变"工具 ，单击属性栏中的"点按可编辑渐变"按钮 ，弹出"渐变编辑器"对话框，将渐变色设为从黄色（其 R、G、B 的值分别为 139、118、68）到深黄色（其 R、

G、B 的值分别为 91、73、45），如图 14-119 所示，单击"确定"按钮。在属性栏中选择"线性渐变"按钮 ，在图像窗口中由上向下拖曳渐变，效果如图 14-120 所示。按 Ctrl+D 组合键取消选区。

图 14-119

图 14-120

（18）单击"图层"控制面板下方的"添加图层样式"按钮 *fx*，在弹出的菜单中选择"投影"命令，弹出"图层样式"对话框，将投影颜色设为黑色，选项的设置如图 14-121 所示，单击"确定"按钮，效果如图 14-122 所示。

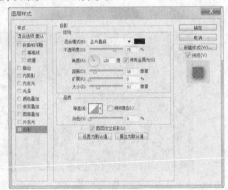

图 14-121

图 14-122

（19）新建图层并将其命名为"高光"。将前景色设为白色，选择"画笔"工具 ，在属性栏中单击"画笔"选项右侧的按钮，弹出画笔选择面板，选择需要的画笔形状，如图 14-123 所示，在属性栏中将画笔"不透明度"选项设为 50％，按住 Shift 键的同时，在图像窗口绘制直线，效果如图 14-124 所示，茶叶包装制作完成，效果如图 14-125 所示。

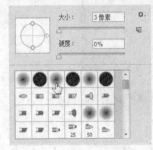

图 14-123

图 14-124

图 14-125

## 课堂练习 1——制作软土豆片包装

### 练习知识要点

使用椭圆工具和横排文字工具添加产品相关信息；使用钢笔工具和添加图层样式命令制作包装袋底图；使用画笔工具和图层控制面板制作阴影和高光。软土豆片包装效果如图 14-126 所示。

图 14-126

### 效果所在位置

云盘/Ch14/效果/制作软土豆片包装.psd。

## 课堂练习 2——制作龙茗酒包装

### 练习知识要点

使用新建参考线命令分割页面；使用钢笔工具绘制包装平面图；使用矩形工具和创建剪切蒙版命令以及文字工具制作包装图案和文字；使用矩形选框工具和变形命令制作包装立体效果。龙茗酒包装效果如图 14-127 所示。

图 14-127

### 效果所在位置

云盘/Ch14/效果/制作龙茗酒包装.psd。

# 课后习题 1——制作五谷杂粮包装

### 习题知识要点

使用新建参考线命令分割页面；使用钢笔工具绘制包装平面图；使用羽化命令和图层混合模式选项制作高光效果；使用图层蒙版命令、渐变工具和图层控制面板制作图片叠加效果；使用多种添加图层样式命令为文字添加特殊效果；使用矩形选框工具、变换命令制作包装立体效果。五谷杂粮包装效果如图 14-128 所示。

图 14-128

### 效果所在位置

云盘/Ch14/效果/制作五谷杂粮包装.psd。

# 课后习题 2——制作充电宝包装

### 习题知识要点

使用新建参考线命令添加参考线；使用渐变工具添加包装主体色；使用横排文字工具添加宣传文字；使用图层蒙版制作文字特殊效果。充电宝包装效果如图 14-129 所示。

### 效果所在位置

云盘/Ch14/效果/制作充电宝包装.psd。

图 14-129

# 第 15 章　网页设计

　　一个优秀的网站，必定有着独具特色的网页设计，漂亮的网页更能吸引浏览者的目光。要根据网络的特殊性，对页面进行精心的设计和编排。本章以多个类型的网页为例，讲解网页的设计方法和制作技巧。

| 课堂学习目标 | / 了解网页设计的概念 |
| --- | --- |
| | / 了解网页的构成元素 |
| | / 了解网页的分类 |
| | / 掌握网页的设计思路 |
| | / 掌握网页的表现手法 |
| | / 掌握网页的制作技巧 |

## 15.1　网页设计概述

　　网页是构成网站的基本元素，是承载各种网站应用的平台。它实际上是一个文件，存放在世界某个角落的某一台计算机或服务器中。网页是通过统一资源定位符（URL）来识别与存取后，当用户在浏览器输入网址后，计算机会运行一段复杂而又快速的程序，网页文件随之被传送到你的计算机，然后通过浏览器解释网页的内容，最后将其展示到你的眼前。

### 15.1.1　网页的构成元素

　　文字与图片是构成一个网页的两个最基本元素。文字，就是网页的内容；图片，就是网页的美观。除此之外，网页的元素还包括动画、音乐、程序等。

### 15.1.2　网页的分类

　　网页有多种分类，笼统意义上的分类是动态和静态的页面，如图 15-1 所示。

图 15-1

静态页面多通过网站设计软件来进行设计和更改，相对比较滞后。现在也有一些网站管理系统，可以生成静态页面，这种静态页面俗称为伪静态。

动态页面是通过网页脚本与语言进行自动处理、自动更新的页面，比如贴吧（通过网站服务器运行程序，自动处理信息，按照流程更新网页）。

## 15.2 制作宠物医院网页

### 15.2.1 案例分析

本例是为宠物医院设计制作网站首页。宠物医院主要服务的对象是被主人饲养的用于玩赏、做伴的动物。在网站的首页设计上，希望能反映出医院的服务范围，展现出轻松活泼、爱护动物、保护动物的服务理念。

在设计思路上，通过绿色背景寓意动物和自然的和谐关系，通过添加图案花纹增加网页的活泼感；导航栏是使用不同的宠物图片和绕排文字来介绍医院的服务对象和服务范围，直观准确而又灵活多变；标志设计展示出医院活泼而又不失严肃的工作氛围；整体设计简洁明快，布局合理清晰。

本例将使用椭圆工具、投影命令和描边命令制作导航栏，使用椭圆工具绘制云朵形状，使用文字工具和创建文字变形命令制作绕排文字。

### 15.2.2 案例设计

本案例设计流程如图 15-2 所示。

图 15-2

### 15.2.3 案例制作

（1）按 Ctrl+O 组合键，打开云盘中的"Ch15 > 素材 > 制作宠物医院网页 > 01"文件，如图 15-3 所示。

（2）新建图层组并将其命名为"01"。将前景色设为白色。选择"椭圆"工具，将属性栏中的"选择工具模式"选项设为"形状"，按住 Shift 键的同时，在图像窗口中绘制一个圆形，效果如图 15-4 所示，在"图层"控制面板中生成"形状 1"图层。

图 15-3

图 15-4

（3）按 Ctrl+O 组合键，打开云盘中的"Ch15> 素材 > 制作宠物医院网页 >02"文件，选择"移动"工具 ，将图片拖曳到图像窗口中的适当位置，效果如图 15-5 所示，在"图层"控制面板中生成新的图层并将其命名为"照片 1"。在控制面板上方，将该图层的"不透明度"选项设为 50%，效果如图 15-6 所示。

（4）按 Ctrl+T 组合键，在图像周围出现控制手柄，拖曳鼠标调整图片的大小及位置，按 Enter键确认操作，效果如图 15-7 所示。在"图层"控制面板上方，将该图层的"不透明度"选项设为 100%。按住 Alt 键的同时，将鼠标放在"形状 1"图层和"照片 1"图层的中间，鼠标光标变为 ，单击鼠标，创建图层的剪切蒙版，效果如图 15-8 所示。

图 15-5

图 15-6

图 15-7

图 15-8

（5）选择"形状 1"图层。单击"图层"控制面板下方的"添加图层样式"按钮 ，在弹出的菜单中选择"投影"命令，弹出"图层样式"对话框，将投影颜色设为灰色（其 R、G、B 的值分别为 102、102、102），其他选项的设置如图 15-9 所示；单击"描边"选项，切换到相应的对话框，将描边颜色设为白色，其他选项的设置如图 15-10 所示，单击"确定"按钮，效果如图 15-11 所示。

图 15-9

图 15-10

图 15-11

（6）选择"横排文字"工具 T，在适当的位置输入需要的文字，选取文字，在属性栏中选择合适的字体并设置文字大小，效果如图 15-12 所示。

（7）选择"横排文字"工具 T，选取需要的文字，填充文字为红色（其 R、G、B 的值分别为 204、51、0），取消文字选取状态，效果如图 15-13 所示。单击属性栏中的"创建文字变形"按钮 工，弹出"变形文字"对话框，选项的设置如图 15-14 所示，单击"确定"按钮。选择"移动"工具 ▶+，将文字拖曳到适当的位置，效果如图 15-15 所示。

图 15-12

图 15-13　　　　　　图 15-14　　　　　　图 15-15

（8）单击"图层"控制面板下方的"添加图层样式"按钮 fx，在弹出的菜单中选择"描边"命令，弹出"图层样式"对话框，将描边颜色设为白色，其他选项的设置如图 15-16 所示，单击"确定"按钮，效果如图 15-17 所示。用相同的方法打开 03、04、05、06 图片，制作出的效果如图 15-18 所示。

图 15-16　　　　　　图 15-17　　　　　　图 15-18

（9）在"图层"控制面板中，选中"05"图层组，按住 Shift 键的同时，单击"01"图层组，将除"背景"图层外的所有图层组同时选取，按 Ctrl+G 组合键，将其编组并命名为"小狗图片"，如图 15-19 所示。

（10）按 Ctrl+O 组合键，打开云盘中的"Ch15 > 素材 > 制作宠物医院网页 > 07"文件，选择"移动"工具 ▶+，将 07 图片拖曳到图像窗口中的适当位置并调整其大小，效果如图 15-20 所示，在"图层"控制面板中生成新的图层并将其命名为"热线电话"。

（11）选择"横排文字"工具 T，分别在适当的位置输入需要的文字并选取文字，在属性栏中分别选择合适的字体并设置文字大小，效果如图 15-21 所示。

图 15-19　　　　　　　　　　图 15-20　　　　　　　　　　图 15-21

（12）新建图层并将其命名为"虚线框"。选择"矩形"工具，在图像窗口中绘制一个矩形路径，效果如图 15-22 所示。选择"钢笔"工具，在图像窗口中适当位置绘制多条直线路径，效果如图 15-23 所示。

图 15-22　　　　　　　　　　　　　图 15-23

（13）选择"画笔"工具，单击属性栏中的"切换画笔面板"按钮，弹出"画笔"选择面板，选择"画笔笔尖形状"选项，弹出"画笔笔尖形状"面板，选择需要的画笔形状，其他选项的设置如图 15-24 所示。选择"路径选择"工具，将所有路径全部选择。在图像窗口中单击鼠标右键，在弹出的菜单中选择"描边路径"，弹出"描边路径"对话框，设置如图 15-25 所示，单击"确定"按钮。按 Enter 键，隐藏路径，效果如图 15-26 所示。

图 15-24　　　　　　　　　　图 15-25　　　　　　　　　　图 15-26

（14）按 Ctrl+O 组合键，打开云盘中的"Ch15＞ 素材 ＞ 制作宠物医院网页 ＞08、09、10、11、12"文件，选择"移动"工具，分别将素材图片拖曳到图像窗口中的适当位置，并调整其大小，效果如图 15-27 所示，在"图层"控制面板中生成新的图层。

（15）选择"横排文字"工具，分别在适当的位置输入需要的文字，选取文字并在属性栏中选择合适的字体和文字大小，适当调整文字间距，分别填充文字为蓝色（其 R、G、B 的值分别为 0、102、204）、黑色和土黄色（其 R、G、B 的值分别为 153、102、0），效果如图 15-28 所示。用相同的方法添加其他说明文字，效果如图 15-29 所示。

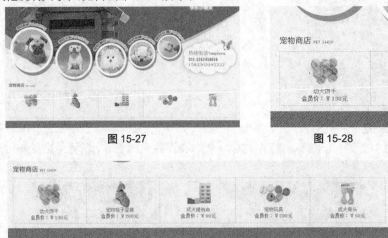

图 15-27                          图 15-28

图 15-29

（16）按 Ctrl+O 组合键，打开云盘中的"Ch15 > 素材 > 制作宠物医院网页 > 13"文件，选择"移动"工具 ，将素材图片拖曳到图像窗口中的适当位置并调整其大小，效果如图 15-30 所示，在图层控制面板中生成新的图层并将其命名为"箭头"。

（17）在"图层"控制面板中，按住 Shift 键的同时，单击"Pet shop"文字图层，将两个图层之间的所有图层同时选取，按 Ctrl+G 组合键，将其编组并命名为"宠物商店"。

（18）选择"横排文字"工具 ，在适当的位置输入需要的文字，选取文字，在属性栏中选择合适的字体和大小，填充为白色，文字效果如图 15-31 所示。宠物医院网页制作完成，效果如图 15-32 所示。

图 15-30                    图 15-31                          图 15-32

## 15.3 制作流行音乐网页

### 15.3.1 案例分析

本例是为歌迷和音乐爱好者设计制作的流行音乐网页。网页主要服务的受众是喜欢时尚流行音乐的朋友。在网页设计风格上要体现出现代感，通过流行元素和图形化语言表现出流行音乐的独特魅力。

在设计思路上，用图形装饰的导航栏放置在页面的上方，有利于爱好者的浏览；通过背景的暗红色和局部的金色，表现出流行音乐的华美和时尚；图片欣赏区域展示最新音乐动态，使访问者可以更加快捷方便地浏览试听；内容部分的灰色区域用于展示最新单曲，结构设计直观时尚，现代感强；整体页面设计美观时尚、布局主次分明。

本例将使用圆角矩形工具、渐变工具和添加图层样式命令制作宣传板，使用文字工具和画笔工具制作排行榜和导航条。

### 15.3.2　案例设计

本案例设计流程如图 15-33 所示。

背景图

编辑素材图片

制作导航条

最终效果

图 15-33

### 15.3.3　案例制作

#### 1. 制作宣传板

（1）按 Ctrl+O 组合键，打开云盘中的"Ch15 > 素材 > 制作流行音乐网页 > 01"文件，如图 15-34 所示。

（2）新建图层并将其命名为"框"。将前景色设为浅灰色（其 R、G、B 的值分别为 247、247、247）。选择"矩形"工具▣，将属性栏中的"选择工具模式"选项设为"像素"，在图像窗口中的适当位置绘制一个矩形，效果如图 15-35 所示。

图 15-34　　　　　　　　　　　　　　　图 15-35

（3）单击"图层"控制面板下方的"添加图层样式"按钮 fx，在弹出的菜单中选择"颜色叠加"命令，在弹出的"图层样式"对话框中进行设置，如图 15-36 所示。单击"描边"选项，切换到相应的对话框，将描边颜色设为灰色（其 R、G、B 的值分别为 210、210、210），其他选项的设置如图 15-37 所示，单击"确定"按钮，效果如图 15-38 所示。

（4）新建图层并将其命名为"线条"。选择"画笔"工具，在属性栏中单击"画笔"选项右侧的按钮，弹出画笔选择面板，将"大小"选项设为 2 像素，"硬度"选项设为 100%，按住 Shift 键的同时，在图像窗口中的适当位置绘制一条直线，效果如图 15-39 所示。

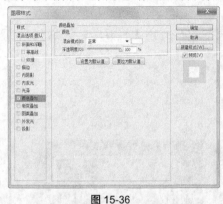

图 15-36　　　　　　　　　　　　　　　图 15-37

图 15-38　　　　　　　　　　　　　　　图 15-39

（5）按 Ctrl+O 组合键，打开云盘中的"Ch15 > 素材 > 制作流行音乐网页 > 02"文件，将 02 图片拖曳到图像窗口中的适当位置并调整其大小，效果如图 15-40 所示，在"图层"控制面板中生成新的图层并将其命名为"圆点"。

（6）选择"横排文字"工具，在适当的位置输入需要的文字，选取文字，在属性栏中选择合适的字体并设置文字大小，效果如图 15-41 所示，在"图层"控制面板中生成新的文字图层。

图 15-40　　　　　　　　　　　　　　　图 15-41

（7）新建图层并将其命名为"框 1"。将前景色设为白色。选择"矩形"工具，将属性栏中的"选择工具模式"选项设为"像素"，在图像窗口中的适当位置绘制一个矩形。单击"图层"控制面板下方的"添加图层样式"按钮 fx，在弹出的菜单中选择"描边"命令，弹出"图层样式"对话框，将描边颜色设为灰色（其 R、G、B 的值分别为 210、210、210），其他选项的设置如图 15-42 所示，单击"确定"按钮，效果如图 15-43 所示。

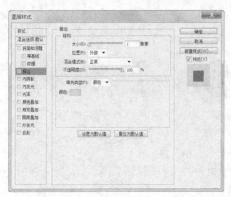

图 15-42　　　　　　　　　　　　　　　　　图 15-43

（8）按 Ctrl+O 组合键，打开云盘中的"Ch15 > 素材 > 制作流行音乐网页 > 03"文件，将 03 图片拖曳到图像窗口中的位置并调整其大小，效果如图 15-44 所示，在"图层"控制面板中生成新的图层并将其命名为"云盘"。

（9）按住 Alt 键的同时，将鼠标放在"云盘"图层和"框 1"图层的中间，鼠标光标变为 ↓□，单击鼠标，创建图层的剪切蒙版，效果如图 15-45 所示。用相同的方法置入 04、05、06 图片，制作出的效果如图 15-46 所示。

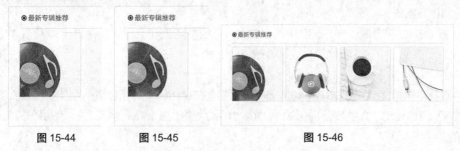

图 15-44　　　　　　图 15-45　　　　　　　　　　　图 15-46

（10）按 Ctrl+O 组合键，打开云盘中的"Ch15 > 素材 > 制作流行音乐网页 > 07"文件，将 07 图片拖曳到图像窗口中的适当位置并调整其大小，效果如图 15-47 所示。在"图层"控制面板中生成新的图层并将其命名为"播放按钮"。

（11）选择"移动"工具 ▶╋，按住 Alt 键的同时，拖曳按钮图形到适当的位置，复制图形，用相同的方法再复制两个图形，效果如图 15-48 所示，在"图层"控制面板中生成新的副本图层。

图 15-47　　　　　　　　　　　　　　　　　图 15-48

（12）选择"横排文字"工具 T，分别在适当的位置输入需要的文字，选取文字并在属性栏中选择合适的字体和文字大小，适当调整文字间距，填充文字为黑色和红色（其 R、G、B 的值分别为 238、112、0），效果如图 15-49 所示，在"图层"控制面板中生成新的文字图层。用相同的方法制作出其他说明文字，效果如图 15-50 所示。

图 15-49

图 15-50

（13）按 Ctrl+O 组合键，打开云盘中的"Ch15 > 素材 > 制作流行音乐网页 > 08"文件，将 08 图片拖曳到图像窗口中的适当位置并调整其大小，效果如图 15-51 所示。在"图层"控制面板中生成新的图层并将其命名为"箭头"。

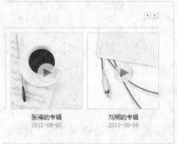

（14）在"图层"控制面板中，选中"箭头"图层，按住 Shift 键的同时，单击"框 1"图层，将两个图层之间的所有图层同时选取，按 Ctrl+G 组合键，将其编组并命名为"图片"。

（15）在"图层"控制面板中，选中"图片"图层组，按住 Shift 键的同时，单击"框"图层，将两个图层之间的所有图层同时选取，按 Ctrl+G 组合键，将其编组并命名为"最新专辑　推荐"。

图 15-51

## 2. 制作导航条

（1）按 Ctrl+O 组合键，打开云盘中的"Ch15 > 素材 > 制作流行音乐网页 > 09"文件，将 09 图片拖曳到图像窗口中的适当位置，效果如图 15-52 所示。在"图层"控制面板中生成新的图层并将其命名为"排行榜"。

（2）选择"横排文字"工具 T.，输入需要的文字，在属性栏中选择合适的字体并设置文字大小，填充为红色（其 R、G、B 的值分别为 219、70、11），效果如图 15-53 所示，在"图层"控制面板中生成新的文字图层。

图 15-52

图 15-53

（3）单击"图层"控制面板下方的"添加图层样式"按钮 fx.，在弹出的菜单中选择"投影"命令，在弹出的"图层样式"对话框中进行设置，如图 15-54 所示；单击"颜色叠加"选项，切换到相应的对话框，将叠加颜色设为红色（其 R、G、B 的值分别为 255、9、9），其他选项的设置如图 15-55 所示；单击"描边"选项，切换到相应的对话框，将描边颜色设为白色，其他选项的设置如图 15-56 所示，单击"确定"按钮，效果如图 15-57 所示。

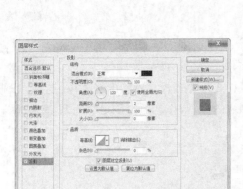

图 15-54　　　　　　　　　　　　　　　　图 15-55

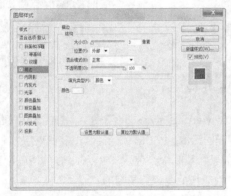

图 15-56　　　　　　　　　　　　　　　　图 15-57

（4）选择"横排文字"工具 T，在适当的位置输入需要的文字，选取文字，在属性栏中选择合适的字体并设置文字大小，填充为白色，在"图层"控制面板中生成新的文字图层，效果如图 15-58所示。

（5）单击"图层"控制面板下方的"添加图层样式"按钮 fx，在弹出的菜单中选择"投影"命令，在弹出的"图层样式"对话框中进行设置，如图 15-59 所示，单击"确定"按钮，图像效果如图 15-60 所示。

图 15-58　　　　　　　　　　图 15-59　　　　　　　　　　图 15-60

（6）选择"横排文字"工具 T，在适当的位置输入需要的文字，选取文字，在属性栏中选择合适的字体并设置文字大小，填充为浅粉色（其 R、G、B 的值分别为 239、205、188），在"图层"控制面板中生成新的文字图层，效果如图 15-61 所示。

（7）单击"图层"控制面板下方的"添加图层样式"按钮 *fx*，在弹出的菜单中选择"投影"命令，在弹出的"图层样式"对话框中进行设置，如图 15-62 所示，单击"确定"按钮，效果如图 15-63 所示。

| 图 15-61 | 图 15-62 | 图 15-63 |
|---|---|---|

（8）在"图层"控制面板中，选中"www.fwwliuxingyinyue.com"图层，按住 Shift 键的同时，单击"飞舞屋"图层，将两个图层之间的所有图层同时选取，按 Ctrl+G 组合键，将其编组并命名为"标"。

（9）新建图层并将其命名为"形状"。将前景色设为深红色（其 R、G、B 的值分别为 83、35、23）。选择"圆角矩形"工具 ，在图像窗口中适当的位置绘制图形。

（10）单击"图层"控制面板下方的"添加图层样式"按钮 *fx*，在弹出的菜单中选择"投影"命令，在弹出的"图层样式"对话框中进行设置，如图 15-64 所示；单击"描边"选项，切换到相应的对话框，将描边颜色设为淡粉色（其 R、G、B 的值分别为 222、206、192），其他选项的设置如图 15-65 所示，单击"确定"按钮，效果如图 15-66 所示。

（11）选择"横排文字"工具 T，分别在适当的位置输入需要的文字，选取文字，在属性栏中选择合适的字体并设置文字大小，填充为浅粉色（其 R、G、B 的值分别为 239、205、188），在"图层"控制面板中生成新的文字图层，效果如图 15-67 所示。

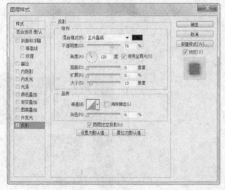

| 图 15-64 | 图 15-65 |
|---|---|

图 15-66

图 15-67

（12）在"图层"控制面板中，选中"设为首页 | 加入收藏"图层，按住 Shift 键的同时，单击"形状"图层，将两个图层之间的所有图层同时选取，按 Ctrl+G 组合键，将其编组并命名为"导航"。

（13）选择"横排文字"工具 [T]，分别在适当的位置输入需要的文字，选取文字，在属性栏中选择合适的字体并设置文字大小，填充为白色，在"图层"控制面板中生成新的文字图层，效果如图 15-68 所示。流行音乐网页制作完成，效果如图 15-69 所示。

图 15-68

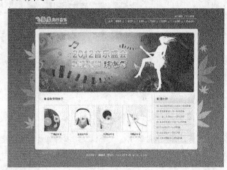

图 15-69

# 课堂练习 1——制作婚纱摄影网页

## 练习知识要点

使用自定形状工具、描边命令制作标志图形；使用文字工具添加导航条及其他相关信息；使用移动工具添加素材图片；，使用添加图层样式按钮为文字制作文字叠加效果；使用旋转命令旋转文字和图片；使用矩形工具、创建剪切蒙版命令制作图片融合效果；使用去色命令、不透明度选项调整图片色调。婚纱摄影网页效果如图 15-70 所示。

## 效果所在位置

云盘/Ch15/效果/婚纱摄影网页.psd。

图 15-70

# 课堂练习 2——制作咖啡网页

### 练习知识要点

使用矩形工具、文字工具和外发光命令制作导航栏；使用矩形工具、创建剪切蒙版命令制作图片剪切效果；使用自定义形状工具添加装饰图形。咖啡网页效果如图 15-71 所示。

### 效果所在位置

云盘/Ch15/效果/制作咖啡网页.psd。

图 15-71

# 课后习题 1——制作旅游网页

### 习题知识要点

使用高斯模糊命令添加模糊效果；使用创建新的填充或调整图层下的命令调整图片颜色；使用椭圆选框工具和羽化命令制作高光效果；使用矩形工具、描边命令和自定义形状工具制作搜索栏。旅游网页效果如图 15-72 所示。

### 效果所在位置

云盘/Ch15/效果/制作旅游网页.psd。

图 15-72

# 课后习题 2——制作汽车网页

### 习题知识要点

使用矩形工具、椭圆形工具、蒙版命令制作背景效果；使用钢笔工具绘制图标图形；使用圆角矩形工具、添加图层样式命令和文字工具制作导航条；使用文字工具添加宣传性文字。汽车网页效果如图 15-73 所示。

### 效果所在位置

云盘/Ch15/效果/制作汽车网页.psd。

图 15-73